시꾸기의
꿈꾸는
수학
교실

5~6
학년

시꾸기의 꿈꾸는 수학 교실

초판 1쇄 발행 2015년 11월 1일 ＼초판 2쇄 발행 2018년 12월 20일
글쓴이 박현정 ＼그린이 이미진 ＼펴낸이 이영선 ＼편집 이사 강영선 김선정
주간 김문정 ＼편집장 임경훈 ＼편집 김종훈 이현정 ＼디자인 정경아
독자본부 김일신 김진규 김연수 정혜영 박정래 손미경 김동욱

펴낸곳 파란자전거 ＼출판등록 1999년 9월 17일(제406-2005-000048호)
주소 경기도 파주시 광인사길 217(파주출판도시) ＼전화 (031)955-7470 ＼팩스 (031)955-7469
홈페이지 www.paja.co.kr ＼이메일 booksea21@hanmail.net

파란자전거는 도서출판 서해문집의 어린이 책 브랜드입니다. 페달을 밟아야 똑바로 나아가는 자전거처럼
파란자전거는 어린이와 청소년이 혼자 힘으로도 바르게 설 수 있도록 도와줍니다.

어린이제품안전특별법에 의한 제품 표시
제조자명 파란자전거 ＼제조년월 2018년 12월 ＼제조국 대한민국 ＼사용연령 만 10세 이상 어린이 제품

시꾸기의 꿈꾸는 수학 교실

개념과 원리를 내 것으로 만드는 똑똑한 단계별 수학 대화

박현정 글 | 이미진 그림

5~6
학년

수학은 내 친구!

　만일 여러분에게 "이 세상에서 가장 좋아하는 물건을 그려 오세요."라는 선생님의 숙제가 주어진다면 여러분은 "종이 위에 어떤 그림을 그려 가고 싶으세요?"

　아마 여러분은 종이가 필요할 것이고, 연필이나 색연필과 같은 필기구가 필요하겠지요. 이것만 있다면 여러분이 가장 좋아하는 물건을 그릴 수 있을까요?

　《시꾸기의 꿈꾸는 수학 교실》은 이 과정에서 수학이 우리에게 주는 소중하고도 잊기 쉬운 중요한 부분을 지적해 줍니다.

　여러분이 그림을 그리려면 수많은 점들이 모인 선을 이용해 그림을 그려야 한다는 것입니다. 선은 다시 무수히 모여 면을 이루고, 이 면으로 이루어진 세상을 활용해야 여러분이 원하는 그림을 그릴 수 있다는 것입니다.

즉, 우리가 하는 모든 활동에는 수학이 활용되고 있으며 이를 해결하기 위해서는 절차 있는 수학의 이해를 기반으로 할 때 좀 더 깊이 있는 그림 활동도 할 수 있음을 이야기해 줍니다.

수학이 문제 풀이의 대상에서 생각하고, 사고하고, 활동하는 삶의 일부분으로 자리하고 있음을 학생들에게 보여 주는 좋은 사례를 만든 첫 책이라 할 수 있습니다.

우리가 알고 있는 모든 수학이 현실과 떨어져 있는 대상이 아니라 이야기 속에서, 글 속에서, 생활 속에서 함께 살아가는 친구와 같은 존재임을 이 책을 통해 이해할 수 있답니다.

우리는 어려서 엄마와 아빠를 친구로 생각하며 살아가고, 자라면서 새로운 친구를 하나 둘 늘려 갑니다.

자라면서 생명이 있는 동물이나 자연에서 마음을 나누는 친구를 만들 수도 있지요. 여러분이 더욱 성숙해지면서 여러분이 좋아하는 대상이 친구가 될 수 있음을 이 책을 통해 알아 가게 될 것입니다. 수학은 여러분의 친구인 것입니다.

이동훈

전국수학교사모임 회장, 대한수학교육학회 이사

참여하는 수학,
창의적인 수학의 첫발

저는 수학을 가르치고 연구하는 사람으로서 학생들이 수학 개념을 어떻게 이해하는지, 그리고 어떻게 학습하는지를 고민합니다. 그리고 학생들이 보다 의미 있게 수학 공부를 할 수 있는 방법에 대해 오랫동안 연구해 왔습니다. 또한 학생들이 수학 개념으로 상상하기를 꿈꾸며 이야기를 짓고, 글을 씁니다.

그러면서 시간이 갈수록 제 머릿속을 맴돌며 뚜렷해지는 질문이 있었습니다.

수학을 재미있고 흥미롭게 접근할 수 있는 방법은 없는 걸까?
보다 열린 마음으로 수학적 개념을 생각하고 그 원리를 곱씹는 방법은 무엇일까?

그래서 학생들이 직접 참여하는 수학 교실을 생각해 보았습니다. 선생님은 설명하는 사람, 학생은 듣는 사람이 아닌 누구나 수학 시간에 주인공이 되어 말하고 문제를 풀 수 있는 교실 말입니다. 그런 교실을 책에 담고자 했습니다. 학생들이 책을 통해 교사를 만나고, 대화를 하고, 수학적 개념이나 원리를 읽고 직접 쓰며, 수학에 대한 대화를 읽으면서 상상하고 그 생각을 키울 수 있기를 바랐습니다. 그 바람을 담아 상상하고 꿈을 꾸는 수학 교실을 생각하며《시꾸기(시계 속 뻐꾸기)의 꿈꾸는 수학 교실》을 썼습니다.

학생들이 만나게 될 수학 선생님은 수학자들의 집 벽시계에서 살고 있던 뻐꾸기입니다. 일명 '시꾸기'라 불리는 이 뻐꾸기는 세계 곳곳에 있던 다른 시꾸기들과 텔레파시로 대화하고 수학 이야기를 공유합니다. 이제 시꾸기들이 긴 잠에서 깨어나 수학 때문에 고민하는 학생들을 위해 이야기를 시작합니다.

수학을 잘하기 위해서는 수학으로 상상할 수 있는 힘이 필요합니다. 뻐꾸기들이 오랜 시간 동안 수학을 익혀 왔듯이 여러분에게도 수학을 생각하는 시간들이 필요합니다. 그 시간은 단지 학교에서 학원에서 문제를 푸는 시간만이 아닙니다. 수학적 개념을 머릿속에 품고 있는 시간, 상상하는 시간, 우리가 상상할 수 있는 현실에 적용해 보는 시간이 필요한 것입니다.

수학 개념이나 원리에 대한 생각이 깊어지고, 의미가 뚜렷해질수록 수학으로 상상하는 힘은 강력해집니다. 그리고 현실에서 자연스럽게 수학 개념을 만나게 됩니다. 바로 이러한 만남이 다름 아닌 수학임을 시꾸기는 강조합니다.

시꾸기는 선생님이나 교과서와 같이 '수학 개념이나 원리'를 정리해 줍니다. 하지만 더욱 중요한 것은 시꾸기와 곤이가 대화하는 과정, 그리고 '소설(이야기) 속 수학 개념'을 생각하고 써 나가는 과정이 의미가 있습니다.

그렇다고 이 한 권으로 수학 공부가 완성된다고는 생각하지 않습니다. 또한 《시꾸기의 꿈꾸는 수학 교실》이 담고 있는 듣고 말하고 읽고 쓰는 개념은 어디까지나 학생들의 활용 능력에 따라 상상으로만 구현될 수도 있다는 점에서 분명히 한계가 있을 것입니다.

그러나 이 책을 통해 수학에 대한 흥미로운 접근 방식을 경험하고, 수학적 개념과 원리를 곱씹는 다양한 방법을 접한 학생들이 수학에 대해 보다 열린 마음을 가지고 스스로 참여하고 창의적인 수학을 하기 위한 첫발을 떼는 데 도움이 된다면 이 또한 큰 의미가 있다고 생각합니다.

《시꾸기의 꿈꾸는 수학 교실》은 처음 수학 개념을 익히기 위한 학생들이나 이미 배운 개념을 익혀서 수학적인 상상과 사고를 깊게 하고자 하는 학생들에게 수학의 꿈을 실현할 수 있도록 도와주는 살아 있는 교실이 될 것입니다.

바쁜 와중에도 원고를 읽어 봐 주고 도움을 준 후배 송정화에게 감사의 마음을 전합니다.《시꾸기의 꿈꾸는 수학 교실》기획에서 현재까지 제 마음과 원고 교정 등 도움을 아끼지 않은 김문정 편집장님께 감사의 마음 전합니다.

2015년 10월

박현정

시꾸기의 똑똑한 5단계 공부법

5학년과 6학년을 위한 이 책은 5-6학년 통합 교과서의 주요 개념을 5개의 단원으로 구성했습니다. 그리고 각 단원마다 특별한 5단계 학습을 통해 단계별로 개념을 정확히 이해하고, 일상과 수학을 연결시키고, 스토리텔링형 수학에 적응하여 서술형 문제를 스스로 해결하고, 수학적 사고에 익숙해질 수 있도록 구성했습니다.

1단계

세상에 뿌려진 수학

: 곤이의 일상생활 속 사건을 통해 수학적 문제 제시 단계

일상생활에서 나타나는 수학적 개념이 소개됩니다. 곤이와 학교 친구들과의 대화 속에서 언급되는 수학 개념들을 자연스럽게 보여 주는 단계입니다.

2단계

시꾸기 수학

: 시꾸기에게 수학에 대한 궁금증을 해결, 수학 개념 이해 단계

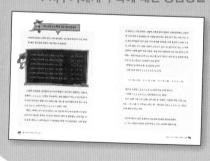

시꾸기가 '세상에 뿌려진 수학'에서 등장했던 수학적 개념과 원리를 이야기하고, 수학 언어와 일상 언어가 어떻게 연결되어 있는지 설명합니다.

3단계

듣고 말해 볼래?

: 시꾸기 수학에서 배운 수학 개념을
확인하는 과정으로, 시꾸기의 물음에
대한 답을 직접 말로 표현하는 단계

시꾸기와 곤이의 대화를 통해
수학 개념과 원리를 말로 표현해 봄으로써
자기가 이해한 내용이 맞는지 확인할 수
있으며, 단지 문제의 해법이 아닌 원리에 쉽게 접근할 수 있게 됩니다.
서술형 문제에 적용하기 위한 첫 단계입니다.

4단계

읽고 써 볼래?

: 심화된 개념 확인과 응용 과정으로, 스토리텔링에 나타난 수학 문제의 개념을
확인·이해하고, 문제를 해결하는 단계

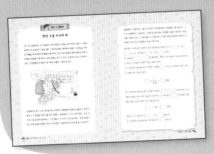

시꾸기가 들려주는 여러 가지
세계 명작 동화와 소설 속에 나타나 있는
수학적 개념을 떠올려서
관련된 문제를 해결하는 단계입니다.
문장으로 제시된 문제를 읽고 써 봄으로써
스토리텔링 수학에 적용하고,
서술형 문제를 해결할 수 있도록 합니다.

5단계

같은 문제 다른 생각

: 수학적 사고에 익숙해지는 단계

수학적인 사고 경험은 '스스로 만들어 낸'
문제를 풀어 볼 기회가 없다면 불완전합니다.
지금까지 익숙하게 풀어 왔던 문제의 조건을
바꿔서 발전적인 새로운 문제를 만들어
학습자가 풀고 다른 해결 방법(해답)과
비교해 보는 경험을 할 수 있게 합니다.

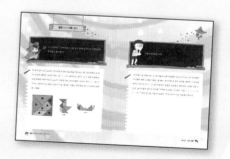

차 례

추천의 말 ≫ 수학은 내 친구! · 8

글쓴이의 말 ≫ 참여하는 수학, 창의적인 수학의 첫발 · 10

이 책의 활용법 ≫ 시꾸기의 똑똑한 5단계 공부법 · 14

1장 약수는 나누기, 배수는 곱하기?

세상에 뿌려진 수학 　 수학을 왜 해야 해? · 20

시꾸기 수학 1교시 　 약수와 배수, 약분과 통분, 분수의 계산 · 28

듣고 말해 볼래? 　 최대공약수와 최소공배수를 구해 봐! · 49

읽고 써 볼래? 　 풍차를 세우자! · 52

같은 문제 다른 생각 　 사각형 포장지 오리기 · 57

2장 소수 = 분수?

세상에 뿌려진 수학 　 미인은 선대칭? · 62

시꾸기 수학 2교시 　 도형의 합동과 대칭, 소수의 계산 · 68

듣고 말해 볼래? 　 오징어 4개를 똑같이 나눠 봐! · 84

읽고 써 볼래? 　 돈키호테의 모험 · 88

같은 문제 다른 생각 　 소수점 이하 103번째 숫자 구하기 · 94

3장 세상 속 도형들

세상에 뿌려진 수학	내가 살고 싶은 집은 어떤 도형일까?	· 100
시꾸기 수학 3교시	다양한 도형들과 도형의 넓이, 겉넓이, 부피	· 106
듣고 말해 볼래?	입체도형의 넓이를 구해 봐!	· 128
읽고 써 볼래?	허클베리 핀의 모험	· 132
같은 문제 다른 생각	시꾸기 주사위 전개도 그리기	· 136

4장 신기한 비와 비율

세상에 뿌려진 수학	모든 원이 다 그래?	· 142
시꾸기 수학 4교시	비와 비율, 원, 원기둥과 원뿔, 구	· 150
듣고 말해 볼래?	고깔모자의 비를 말해 봐!	· 164
읽고 써 볼래?	각설탕의 개수를 구해 봐!	· 168
같은 문제 다른 생각	쌓기 나무 개수 구하기	· 173

5장 재미있는 그래프

세상에 뿌려진 수학	딸기를 따는 속도가 이렇게 달라!	· 178
시꾸기 수학 5교시	비례식과 비례배분, 그래프, 정비례와 반비례	· 184
듣고 말해 볼래?	톱니바퀴는 몇 바퀴나 돌까?	· 198
읽고 써 볼래?	학생 수를 비교해 봐!	· 202
같은 문제 다른 생각	칠교판으로 도형 둘레 구하기	· 206

같은 문제 다른 생각≫ 함께 풀어 보아요! · 211

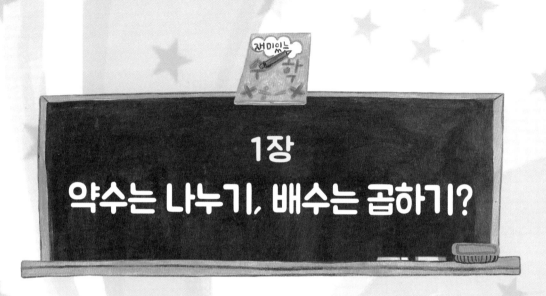

1장
약수는 나누기, 배수는 곱하기?

5학년 1학기
- 약수와 배수
- 약분과 통분
- 분수의 덧셈과 뺄셈
- 분수의 곱셈

세상에 뿌려진 수학

수학을 왜 해야 해?

곤이는 학교에서 돌아오자마자 수학 책을 펼쳤다. 곤이가 제일 싫어하는 것이 수학 공부와 청소인데 오늘 숙제가 수학이고, 이 숙제를 안 하면 청소 벌칙을 받아야 한다. 그러니 수학 숙제는 선택이 아니라 의무였다.

"뭐가 이리 복잡하냐고! 분모가 다른 분수를 더하거나 뺄 때는 통분하라고 하고, 곱할 때는 분모는 분모, 분자는 분자끼리 곱하고, 나눗셈은 왜 분모와 분자를 바꿔서 곱하는 건데! 아아아아아아……. 내 꿈은 동화 작가인데 수학을 왜 해야 하냐고. 내 꿈을 이루기 위해서 수학 공부를 할 필요는 없잖아!"

곤이는 책상에 엎드렸다. 동화 작가가 꿈인 곤이는 수학을 왜 해야 하는지 이해할 수 없었다. 재미있는 이야기로 머리를 가득 채우고 싶은데 수학 때문에 방해를 받는 것 같았다.

"동화 속에는 수학이 없어! 아니 필요가 없지!"

곤이는 혼자서 투덜거리다가 잠이 들었다. 꿈속에서도 책상에 엎드려서
투덜대고 있었다. 그런 곤이 앞에 도로시와

그 일행이 나타났다.

"나는 도로시야. 엠 아줌마와 헨리 아저씨가 계신 캔자스로 가고 싶어! 너는 무엇 때문에 그렇게 투덜대고 있니? 내 친구들은 모두 갖고 싶은 게 있어서 에메랄드 시에 사는 오즈를 만나러 가는 중이야. 여기 사자는 용기를, 양철 나무꾼은 마음을, 허수아비는 뇌를 갖게 해 달라고 부탁하려고 해. 너도 갖고 싶은 게 있니?"

곤이는 도로시라는 아이가 하는 말들이 자기가 읽은 《오즈의 마법사》에 나오는 이야기라는 걸 깨달았다. 믿을 수가 없었다. 곤이는 고개를 들 수 없었다.

"너는 누구야? 여기에는 아주 무서운 괴물들이 살고 있어. 그런데 그렇게 말도 안 하고, 고개도 들지 않으면 우린 널 두고 가 버릴 수밖에 없다고."

곤이는 도로시의 말에 얼른 고개를 들었다. 도끼를 치켜든 양철 나무꾼, 노란색 사자, 하얀 헝겊으로 만든 얼굴을 가진 허수아비, 금발의 도로시가 곤이를 쳐다보았다. 곤이는 꿈이라는 생각에 볼을 꼬집어 보았다.

"넌 누구냐고?"

"난…… 곤이야. 수학 숙제가 너무 복잡해서 투덜대고 있었어. 내 꿈은 동화 작가인데 수학 숙제를 해야 해서……."

"그럼 수학 숙제를 하게 해 달라는 게 소원이야?"

"아니야! 안 하게 해 달라는 게 소원이야."

허수아비가 말했다.

"내가 뇌가 있다면 해 줄 수 있을 텐데."

사자가 말했다.

"모두가 뭔가를 갖고 싶어 하거나 하고 싶은 일이 있는데, 넌 공부를 안 하는 게 소원이라고?"

양철 나무꾼이 말했다.

"내가 마음이 있었다면 널 불쌍하게 생각할 수 있었을까?"

도로시가 말했다.

"그럼 너는 우리와 갈 필요가 없겠구나? 갖고 싶은 것도, 하고 싶은 것도 없으니까."

"아니야! 수학 숙제를 안 하는 방법을 찾고 싶어. 나한테는 필요 없으니까. 그러니까 나도 너희들과 함께 갈래."

곤이는 도로시와 그 친구들이 자기 앞에 서 있다는 것이 믿기지 않았다. 하지만 그들을 따라가 오즈에게 부탁을 하면 소원이 이루어질 거라는 생각이 들었다.

"우리는 서쪽 마녀를 죽이러 가는 중이야. 그런데 걱정이야. 서쪽 마녀에게 가려면 사막을 건너야 한대. 사막을 건너려면 초록 색종이를 13m 간격으로 사막에 놓아야 한다고 했어. 중요한 건 필요한 만큼만 초록 색종이를 가지고 가야 한다는 거야."

곤이는 도로시 옆에 잔뜩 쌓여 있는 초록색 색종이를 쳐다보았다.

"사막의 길이가 얼마야? 그리고 처음 출발선에도 초록 색종이를 바닥에 놓아야 해?"

"처음 출발선에는 색종이를 안 놓고, 사막의 길이는 923m야."

곤이는 923 ÷ 13을 계산했다.

"71장을 가져가면 돼."

"와, 진짜? 넌 어떻게 그렇게 빨리 알 수 있어?"

"나눗셈이라는 계산을 했어. 더 중요한 건

내가 약수와 배수를 알고 있어."

"나눗셈? 약수? 그리고 배수?"

"923에 13이 몇 번 들어가는지를 세어 보아야 하는데, 나눗셈으로 계산을 하면 일일이 세지 않아도 된다는 거지. 그리고 이렇게 923을 나눠서 딱 떨어지게 하는 13과 같은 수를 923의 약수라고 하고 923은 13의 배수야. 그런데…… 13m마다 색종이를 어떻게 놓지? 우리에겐 자가 없잖아."

이때 사자가 자신 있게 말했다.

"내가 앞다리에만 힘을 주고 뛰면 정확하게 6.5m를 뛴다. 어흥!"

"아, 그럼 사자가 앞다리에 힘을 주고 2번 뛰면 13m가 되겠네. 그때마다 색종이를 놓으면 되고."

도로시와 친구들은 기뻐서 곤이에게 얼른 가자고 재촉했다. 곤이도 너무 신났다.

도로시 일행과 곤이는 사막의 문에 이르렀다. 그리고 그곳에서부터 사자의 두 걸음째마다 색종이 놓기를 일흔한 번 하고서야 사막을 벗어날 수 있었다. 사막을 벗어나기가 무섭게 사방에서 서쪽 마녀가 보낸 늑대들이 떼 지어 달려왔다. 이때 맨 앞에 서 있던 양철 나무꾼이 날카롭게 갈아 둔 도끼를 들고 내리치기 시작했다. 다음에 오는 늑대도, 그다음에 오는 늑대도, 하나도 빠짐없이 도끼로 모조리 없애서 마흔 마리의 늑대들을 모두 무찔렀다. 그 이후에 나타난 까마귀 떼는 허수아비가, 마녀의 노예인 윙키들은 사자가 모두 쫓아냈다. 하지만 마녀가 앞으로 보낼 날개 달린 원숭이를 도로시와 친구들이 무찌를 수 없다는 것을 곤이는 알고 있었다.

"이제 날개 달린 원숭이가 날아올 텐데……."

허수아비는 곤이의 말을 듣고 깜짝 놀랐다.

"넌 그것을 어떻게 알아?"

"글쎄, 나도 잘 모르겠어. 그냥 너희들 얼굴과 잠시 후에 서쪽 마녀가 날개 달린 원숭이를 보낸다는 것만 알아."

이때 도로시가 안고 있던 강아지 토토가 모랫바닥으로 뛰어내렸다. 그 순간 커다란 나뭇잎이 떨어지면서 가려져 있던 팻말의 글씨가 나타났다.

날개 달린 원숭이를 피하려면 다음 문제의 답을 말하시오!
서쪽 마녀의 땅은 에메랄드 시의 $\frac{2}{5}$였고, 동쪽 마녀의 땅은 에메랄드 시의 $\frac{3}{9}$이었어. 그들이 가진 땅을 모두 더하면 에메랄드 시의 얼마큼일까?

팻말에 적혀 있는 글을 보더니 화들짝 놀란 양철 나무꾼이 도끼를 치켜들었다.

"위험해! 아마도 우리에게 저주를 걸려는 서쪽 마녀의 주문일 거야. 이 도끼로 저 팻말을 부셔 버릴 테니 걱정하지 마!"

곤이는 팻말의 내용을 보며 놀라지 않을 수 없었다.

"저 문제…… 저 문제는 분수의 덧셈이야. 왜 수학 문제가 나오는 거지?"

허수아비가 말했다.

"수학이 뭐야? 어느 쪽 마녀야?"

곤이가 손을 저으면서 말했다.

"마녀가 아니라 숫자와 수, 그리고 연산과 도형으로 이뤄진 주문이나 언어 같은 거야."

사자가 으르렁거리면서 곤이를 다그쳤다.

"그럼 네가 풀면 되잖아. 우리 중 수학을 아는 사람은 너뿐이니까. 시간 낭비하지 말고. 어흐응-!"

곤이는 사자 울음소리에 공포감이 밀려왔다.

"어떻게 하지? 나…… 나는 분수의 덧셈을 할 줄 모르는데. 수업 시간에 집중을 하지도 않았고, 학원에서 하는 말도 이해가 안 되었다고. 사자가 날 잡아먹으면 어쩌지. 분수를 어떻게 더하는 거야? 어떻게 하냐고!!!"

약수와 배수, 약분과 통분, 분수의 계산

곤이는 소리를 지르며 눈을 떴다. 무릎에서 함께 잠들었던 덜렁이도 귀를 쫑긋 세우고 주변을 멍하니 둘러보았다.

"꿈이야, 꿈이었어. 그럼 그렇지. 휴~"

그때 자정을 알리는 마지막 뻐꾸기 울음소리와 함께 시계 문이 닫혔다.

"왜 하필 《오즈의 마법사》지? 도로시를 돕는 데 수학을 이용한 거야? 동화 속에 왜 수학 문제가 나오냐고. 수학은 분수나 소수, 도형 뭐 이런 문제들만 잔뜩 있는 거 아니었어? 동화 작가가 될 내가 왜 수학 공부를 해야 하는 건 데! 내가 수학 공부를 해야 하는 이유가 뭐야?"

곤이는 아무리 꿈이지만 아무 계산도 할 수 없었던 자신이 한심했다. 같은 반 친구 루미라면 쉽게 풀었을 문제였다. 바로 이때 찰칵 소리와 함께 누군가의 목소리가 쩌렁쩌렁 울려 왔다.

"뻐억국! 뻐꾹! 한동안 나올 일이 없어 움직이지 않았더니 살만 찐 것 같네. 문이 너무 작아졌어."

곤이는 고개를 번쩍 들어서 소리가 나는 곳을 쳐다보았다. 덜렁이는 놀라서 책상 아래로 숨어 들어가 나오지 않았다. 소리가 난 곳에는 시계 속 뻐꾸기가 문을 열고 나와 활짝 웃고 있었다.

"아아아아……."

곤이는 소리도 지르지 못한 채 이상한 신음과 같은 비명을 입에 물고만 있었다.

"뭘 그렇게 좋아해. 네가 수학을 정말 잘하고 싶어 하기에 내가 다시 깨어났어. 네 덕분에 내가 다시 움직이게 되었다고. 요즘 애들은 왜 그렇게 생각하기 싫어하는지, 쯧쯧. 그동안 다른 애들은 모두가 노력하지 않고 수학 숙제를 대신해 주거나 시험을 봐 주길 원하기만 했지 자기들이 할 생각은 안 했거든. 뻐억! 꾹꾹꾹! 화난다! 나는 그런 애들은 도와줄 수 없어. 덕분에 내 엉덩이만 커졌지. 도대체 움직일 기회를 주지 않으니 말이야."

"시계에서…… 시……계에서…… 어어어!"

"그만 놀래! 그 입 좀 다물고. 난 하루에 한 시간만 세상을 정지시킬 수 있다고. 세상이 멈춰야 내가 말을 할 수 있으니까. 뿌꾹뿌꾹, 캭캭! 이제 널 도와주마, 꼬마야~. 네 고민이 뭐라고? 수학이 어렵다고? 뭐가 안 된다고?"

곤이는 시계 속에 있던 뻐꾸기가 자기 깃털을 매만지며 나와 책상 위에 올라앉은 모습을 그저 바라만 보았다. 곤이는 놀란 마음을 진정시키려 애를

썼지만 자꾸만 눈이 커지고 입을 다물 수 없었다.

"소리 지를 생각은 하지도 마. 네가 소리를 지르는 순간 난 사라질 테니까.
네 꿈이 동화 작가라고 했었나?"

시꾸기는 한심한 듯 고개를 저으면서 곤이를 쳐다보았다.

"자, 내 존재에 대한 궁금증은 우선 잊고 본론을 얘기하자."

"네? 딸꾹!!!"

"그럼 어디부터 시작을 할까? 네게 설명하려니 넘어야 할 고개가 참 많구나. 우선, 네가 혼란스러운 것은 분수의 덧셈과 뺄셈, 그리고 곱셈과 나눗셈을 하는 방법이 달라서 이해할 수 없다는 거지? 분수의 계산을 제대로 이해하기 위해서는 약수와 배수, 그리고 약분과 통분을 알아야 해. 알고 있니?"

곤이는 천천히 도리질을 했다. 그러자 시꾸기는 시계 속에서 칠판을 꺼내들고 나왔다.

"한 가지만 기억해라. 나한테 수학을 배우려면 반드시 12시에 수학을 가르쳐 달라고 외쳐야 해. 그때 너의 외침은 나한테만 들리거든. 12시 5분이되기 전에 외쳐야 해! 자, 이제 시작해 볼까~ 쁘악꾹."

너에게 초콜릿 12개가 있어. 네가 좋아하는 친구들에게 똑같이 나눠 주자! 몇 명의 친구들에게 똑같이 나눠 줄 수 있을까?

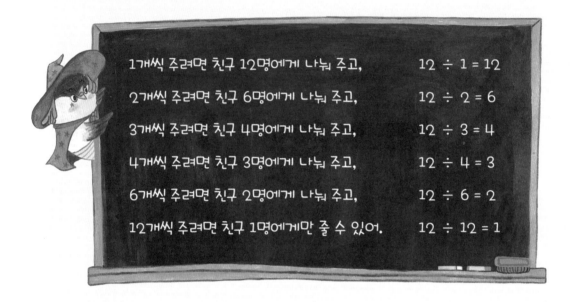

1개씩 주려면 친구 12명에게 나눠 주고, $12 \div 1 = 12$

2개씩 주려면 친구 6명에게 나눠 주고, $12 \div 2 = 6$

3개씩 주려면 친구 4명에게 나눠 주고, $12 \div 3 = 4$

4개씩 주려면 친구 3명에게 나눠 주고, $12 \div 4 = 3$

6개씩 주려면 친구 2명에게 나눠 주고, $12 \div 6 = 2$

12개씩 주려면 친구 1명에게만 줄 수 있어. $12 \div 12 = 1$

12개의 초콜릿을 남김없이 친구들에게 똑같이 나눠 주기 위해서는 1, 2, 3, 4, 6, 12명이 가능하다는 것을 알았지? 바로 그 친구들의 수가 12의 약수라는 말씀. 다시 말해 12를 나눌 때 나누어떨어지게 하는 수가 12의 약수고, 12의 약수는 1, 2, 3, 4, 6, 12라는 거야.

맛있는 과자도 곤이 반 친구들과 나눠 먹을까? 여기 과자 몇 박스가 있어. 요즘 인기 최고인 과자라는 거 알지? 뻐억꾹! 내가 각 분단별로 24봉지를 나눠 줄게. 왜냐고? 너희 학급은 각 분단별로 학생 수가 다르잖아. 너희 분단은 8명이고, 다른 분단은 12명씩, 6명씩 앉아 있잖아. 이때 분단별로 24봉지씩 나눠 주면 각 분단별로 한 사람당 돌아가는 과자 봉지 수는 다르지만, 같은 분단 학생들은 모두 같은 수의 과자를 갖게 돼. 너희 학급 분단의 구성원 수 8, 12, 6은 24를 나눠서 **나머지가 없이 딱 떨어지게 하는 수**니까 말이야. 나중에 많이 가진 사람은 적게 가진 사람들과 나눠 먹으면 되고. 뿌악 꾹~ 이런 수들을 24의 **약수**라고 해. 24의 약수는 너희 반 각 분단의 학생 수인 12, 8, 6 말고도 더 있다는 것은 알지?

머릿속으로 떠올려 봐. 자, 보인다, 보여!

그래! 24의 약수는 1, 2, 3, 4, 6, 8, 12, 24야.

$$1 \times 24 = 24 \qquad 2 \times 12 = 24 \qquad 3 \times 8 = 24 \qquad 4 \times 6 = 24$$

곱으로 표현된 1, 2, 3, 4, 6, 8, 12, 24가 바로 24의 약수지.

그러면 1, 2, 3, 4, 6, 8, 12, 24에 대하여 24는 뭘까?

24는 24의 1배, 2의 12배, 3의 8배 한 수잖아. 이렇게 어떤 수를 **2배, 3배,… 한 수**를 그 수의 **배수**라고 해. 그럼 24는 2나 3, 4, 6, 8, 12, 그리고 24의 배수가 되는 거야.

약수와 배수는 모두 곱셈이나 나눗셈과 관계된 수학적 개념이야.

$3 \times 8 = 24$에서 3과 8은 24의 약수고, 24는 3과 8의 배수가 돼.

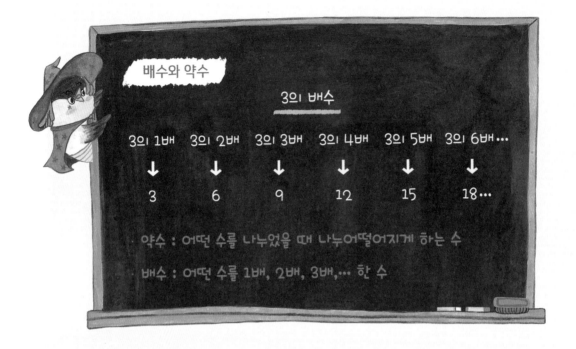

배수와 약수

3의 배수

3의 1배	3의 2배	3의 3배	3의 4배	3의 5배	3의 6배…
↓	↓	↓	↓	↓	↓
3	6	9	12	15	18…

약수 : 어떤 수를 나누었을 때 나누어떨어지게 하는 수
배수 : 어떤 수를 1배, 2배, 3배,… 한 수

  각 분단의 학생 수가 6, 12, 8명인데, 각 분단에 과자를 24개씩 나눠 줘야 한다는 것을 어떻게 그렇게 빨리 결정했는지 궁금하다고?

  아주 간단해. 약수와 배수의 관계를 이용하면 쉽거든.

  6은 12의 약수잖아. 12는 6의 배수고! 그러면 12의 배수는 6의 배수이기도 하겠지? 따라서 6, 12, 8의 공배수를 찾기 위해서 세 수를 동시에 생각할 필요가 없어. 12와 8의 공배수를 찾으면 그 수는 6의 배수가 되기도 하니까. 간단하지? 그리고 6은 24의 약수고 말이야.

  그럼, 이제 공약수와 최대공약수에 대하여 알아볼까?

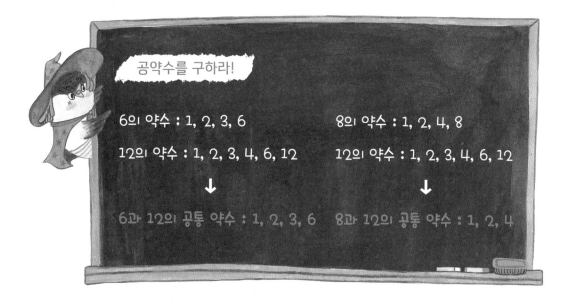

공약수를 구하라!

6의 약수 : 1, 2, 3, 6   8의 약수 : 1, 2, 4, 8

12의 약수 : 1, 2, 3, 4, 6, 12   12의 약수 : 1, 2, 3, 4, 6, 12

↓   ↓

6과 12의 공통 약수 : 1, 2, 3, 6   8과 12의 공통 약수 : 1, 2, 4

공통된 약수를 공약수라고 하고, 공약수 중에서 가장 큰 수를 최대공약수라고 해. 공약수를 구하기 위해서 항상 약수를 각각 구할 필요는 없어. 8과 12의 최대공약수는 4이고, 4의 약수인 1, 2, 4가 공약수잖아. 6과 12의 최대공약수는 6이고, 6의 약수인 1, 2, 3, 6이 공약수가 되기 때문에 6에 대해서만 생각하는 거야.

두 수의 최대공약수를 구할 때 공약수를 나열하지 않고 구하는 방법이 2가지 있어.

첫 번째 방법은 두 수를 더 이상 약분이 안 되는 수들의 곱으로 나타낸 다음, 공통인 부분을 찾아서 그 수들을 곱하면 돼.

두 번째 방법은 두 수를 동시에 나눌 수 있는 수로 나누는 거야. 더 이상 두 수를 동시에 나눌 수 없을 때, 공통되게 나눈 수들을 모두 곱하면 돼.

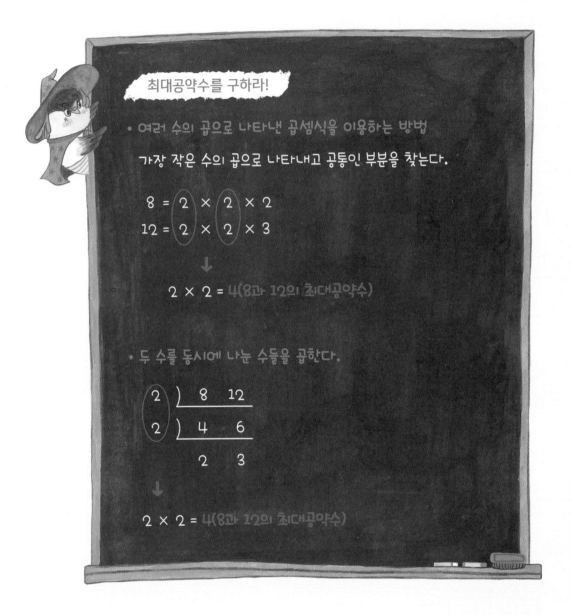

최대공약수를 구하라!

• 여러 수의 곱으로 나타낸 곱셈식을 이용하는 방법

가장 작은 수의 곱으로 나타내고 공통인 부분을 찾는다.

$$8 = 2 \times 2 \times 2$$
$$12 = 2 \times 2 \times 3$$

$$2 \times 2 = 4(8과 12의 최대공약수)$$

• 두 수를 동시에 나눈 수들을 곱한다.

$$2 \ )\ 8 \quad 12$$
$$2 \ )\ 4 \quad 6$$
$$\qquad 2 \quad 3$$

$$2 \times 2 = 4(8과 12의 최대공약수)$$

8과 12의 공약수를 구하기 위해서는 최대공약수를 구해서 최대공약수의

약수를 구하면 되겠지.

8과 12의 공약수 : 1, 2, 4

8과 12의 최대공약수 : 4

8과 12의 최대공약수(4)의 약수 : 1, 2, 4

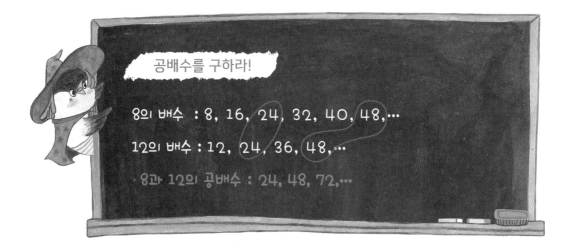

공배수를 구하라!

8의 배수 : 8, 16, 24, 32, 40, 48, …

12의 배수 : 12, 24, 36, 48, …

8과 12의 공배수 : 24, 48, 72, …

두 수의 공통인 배수를 두 수의 공배수라고 하고, 공배수 중에서 가장 작은 수를 두 수의 최소공배수라고 해. 8과 12의 공배수인 24, 48, 72…는 최소공배수인 24의 배수라는 것을 알 수 있어. 따라서 두 수의 공배수를 구하기 위해서는 최소공배수를 구하고, 그 수의 배수를 찾으면 되는 거야.

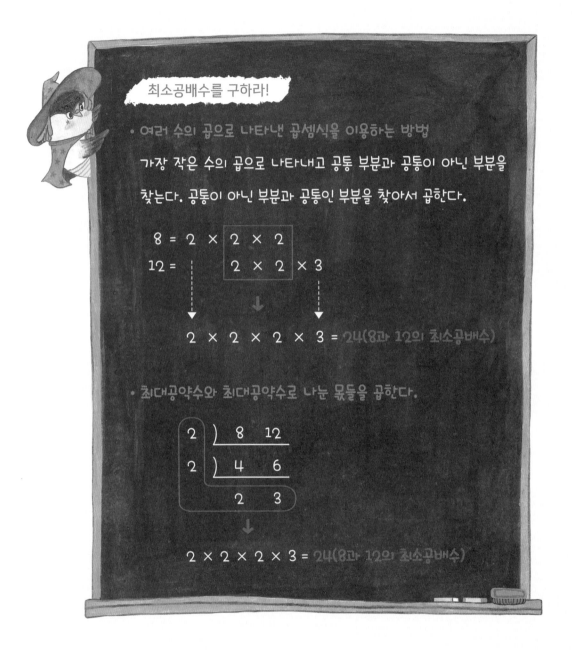

최소공배수를 구하라!

- 여러 수의 곱으로 나타낸 곱셈식을 이용하는 방법

가장 작은 수의 곱으로 나타내고 공통 부분과 공통이 아닌 부분을 찾는다. 공통이 아닌 부분과 공통인 부분을 찾아서 곱한다.

$$8 = 2 \times \boxed{2 \times 2}$$
$$12 = \boxed{2 \times 2} \times 3$$

$$2 \times 2 \times 2 \times 3 = 24(8과\ 12의\ 최소공배수)$$

- 최대공약수와 최대공약수로 나눈 몫들을 곱한다.

$$
\begin{array}{r}
2\ )\ \underline{8 \quad 12} \\
2\ )\ \underline{4 \quad 6} \\
2 \quad 3
\end{array}
$$

$$2 \times 2 \times 2 \times 3 = 24(8과\ 12의\ 최소공배수)$$

8과 12의 공배수를 구하기 위해서는 최소공배수를 구하고, 최소공배수의 배수를 구하면 돼. 즉 두 수의 공배수를 구하기 위해서는 두 수의 최소공배수의 배수를 구하면 된다는 말씀.

곤아, 꿈에서 도로시와 그 친구들을 만났지? 그곳 팻말에 적혀 있던 문제를 기억해? 답을 구하기 위해서는 $\frac{2}{5} + \frac{3}{9}$ 을 구해야겠지?

분모가 다른 분수는 어떻게 더해야 할까?

분모가 같은 분수는 어떻게 더할까?

자, 이런 상상을 해 봐~ 뿌악국!

직사각형 모양의 맛있는 케이크를 5명의 친구들과 나눠 먹어 볼까? 곤이와 할머니와 엄마와 아빠도 계시니까 9등분을 해야겠다.

그런데 지금 할머니와 아빠, 엄마는 안 계시니까 부분 3을 남겨야겠지.

이런! 친구 2명도 늦게 온다니까 9등분 중 부분 2도 남겨야겠네.

그럼 케이크 전체 중에서 모두 얼마를 남겨야 할까?

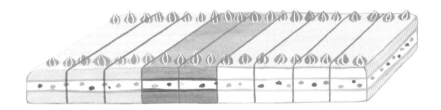

$$\frac{3}{9} + \frac{2}{9} = \frac{3+2}{9}$$

전체를 9등분했으므로 분모는 9가 되고,

엄마와 아빠, 할머니가 드실 케이크 3조각은 전체에서 부분 3이니까 $\frac{3}{9}$

늦게 오는 친구 2명이 먹을 케이크 2조각은 전체에서 부분 2니까 $\frac{2}{9}$

$\frac{3}{9}$ 과 $\frac{2}{9}$ 의 합은 그림에서처럼 9등분한 전체 케이크에서 부분 3과 부분 2의 합이야.

분모는 그대로! 분자끼리의 합!

$$\frac{3}{9} + \frac{2}{9} = \frac{3+2}{9} = \frac{5}{9}$$

우리가 지금 먹을 수 있는 케이크는 얼마큼이지? 뺄셈으로 알 수 있어.

전체 케이크를 9등분해서 케이크 9조각은 전체에서 부분 9니까 $\frac{9}{9}$

남겨 두어야 하는 케이크 5조각은 전체에서 부분 5니까 $\frac{5}{9}$

$\frac{9}{9}$ 와 $\frac{5}{9}$ 의 차는 그림에서처럼 9등분한 전체 케이크 부분 9와 부분 5의 차야.

분모는 그대로! 분자끼리의 차!

$$\frac{9}{9} - \frac{5}{9} = \frac{9-5}{9} = \frac{4}{9}$$

그러니까 친구들과 먹기 전에 남겨 두어야 할 케이크는 전체의 $\frac{5}{9}$ 야!

우리가 지금 먹을 케이크는 전체의 $\frac{4}{9}$ 고!

분모가 같은 경우, 분모는 그대로 두고 분자끼리의 합과 차를 구하면 돼.

분모가 다른 경우, 분수의 덧셈과 뺄셈은 어떻게 할까?

분모는 전체를 똑같이 몇으로 나누었는가를 나타내는 거야. 그러니 분모가 다르면 덧셈과 뺄셈을 할 수 없어! 분모가 같아야 더하거나 뺄 수 있다는 말씀이지.

자, 잘 들어 봐.

전체를 똑같이 나눠야만 각 부분을 분수로 나타낼 수 있어. 그런데 전체와 부분의 양이 같은데도 분모와 분자가 다른 분수로 나타낼 수 있다는 사실 알아? 이렇게 말이야!

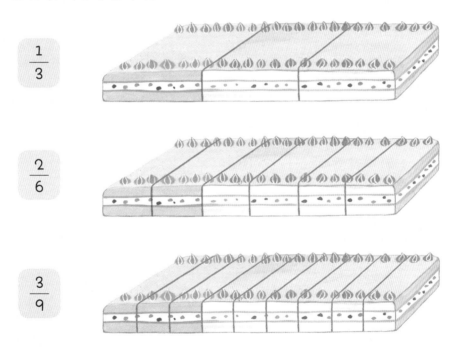

분모와 분자에 0이 아닌 같은 수를 곱하면 크기가 같은 분수를 만들 수 있어.

$$\frac{1}{3} = \frac{1 \times 2}{3 \times 2} = \frac{2}{6} \qquad \frac{1}{3} = \frac{1 \times 3}{3 \times 3} = \frac{3}{9}$$

분모와 분자를 0이 아닌 같은 수로 나누어도 크기가 같은 분수를 만들 수 있지.

$$\frac{2}{6} = \frac{2 \div 2}{6 \div 2} = \frac{1}{3} \qquad \frac{3}{9} = \frac{3 \div 3}{9 \div 3} = \frac{1}{3}$$

이처럼 분모와 분자를 그들의 공약수로 나누는 것을 **약분**이라고 해. 분수의 분모를 같게 하는 것을 **통분**한다고 하고, 통분한 분모를 **공통분모**라고 하지.

분수들 가운데 $\frac{1}{3}$, $\frac{3}{8}$ 과 같이 분모와 분자의 공약수가 1뿐인 수를 **기약분수**라고 해. 특히 $\frac{1}{3}$ 과 같이 분자가 1인 분수를 **단위분수**라고 하고.

분모가 다른 분수의 덧셈과 뺄셈은 분수의 분모를 같게 하는 방법이 통분이니까, 통분을 해서 더하거나 빼면 돼!

곤아, 꿈에서 오즈를 찾아갔었지? 그곳에서 본 팻말에 적혀 있던 문제 생각나니?

"서쪽 마녀의 땅은 에메랄드 시의 $\frac{2}{5}$ 였고, 동쪽 마녀의 땅은 에메랄드 시의 $\frac{3}{9}$ 이었어. 그들이 가진 땅을 모두 더하면 에메랄드 시의 얼마큼일까?"

$\dfrac{3}{9}$ 은 약분하면 $\dfrac{1}{3}$ 이잖아. $\dfrac{3}{9} = \dfrac{3 \div 3}{9 \div 3} = \dfrac{1}{3}$

따라서 $\dfrac{2}{5} + \dfrac{1}{3}$ 을 구해야 해. 분모가 다른 분수의 덧셈은 어떻게 계산할 수 있을까? 분모를 같게!! 분모가 5와 3으로 다르니까 통분을 해야지. 공통 분모를 어떻게 정하지?

5와 3의 최소공배수나 분모끼리 곱한 수를 공통분모로 정하면 돼.

$$\dfrac{2}{5} + \dfrac{1}{3} = \dfrac{2 \times 3}{5 \times 3} + \dfrac{1 \times 5}{3 \times 5}$$

$$= \dfrac{6}{15} + \dfrac{5}{15} = \dfrac{6 + 5}{15} = \dfrac{11}{15}$$

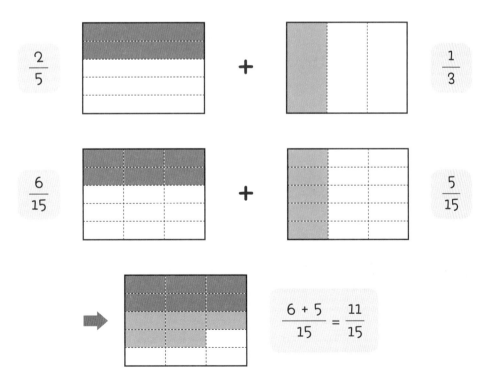

자, 그럼 어떤 마녀가 가진 땅이 더 넓을까? 서쪽 마녀 땅이 에메랄드 시의 $\frac{2}{5}$ 이고, 동쪽 마녀 땅이 에메랄드 시의 $\frac{1}{3}$ 이라고 했었지?

분모가 다른 분수들의 크기를 비교하기 위해서는 분모를 같게 해서 분자끼리 크기를 비교해야 해!

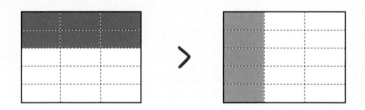

따라서 $\frac{2}{5} = \frac{6}{15}$, $\frac{1}{3} = \frac{5}{15}$ 이므로, 서쪽 마녀가 가진 땅($\frac{2}{5}$)이 동쪽 마녀가 가진 땅($\frac{1}{3}$)보다 더 넓어. 얼마큼 더 넓을까?

어떤 마녀가 가진 땅이 더 넓은지를 구하려면 어떻게 해야 할까?

$\frac{2}{5}$ 와 $\frac{1}{3}$ 의 차를 구해야 하지. 분모가 다른 분수의 차이를 구하려면 역시 **분모를 같게!**

$$\frac{2}{5} - \frac{1}{3} = \frac{2 \times 3}{5 \times 3} - \frac{1 \times 5}{3 \times 5} = \frac{6}{15} - \frac{5}{15} = \frac{1}{15}$$

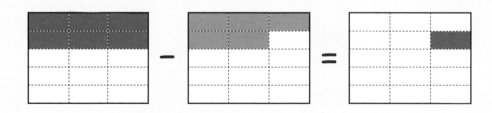

따라서 서쪽 마녀는 동쪽 마녀가 가진 땅보다 에메랄드 시의 땅을 $\frac{1}{15}$ 만큼 더 가지고 있는 거야.

분모가 다른 분수의 크기를 비교할 때도 통분을 하고 분자끼리 비교하면 돼. 그렇다면 분자가 같으면? 그때도 통분을 해서 비교해야 할까? 아니! 안 해도 알 수 있어.

분자가 같은 $\frac{1}{3}$ 과 $\frac{1}{12}$ 중에서 어떤 분수가 더 클까?

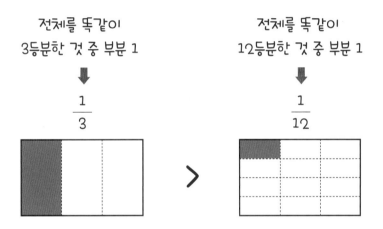

따라서 분자가 같은 경우, 분모가 작을수록 분수의 크기는 크다!

하지만 분모가 같은 경우는 분자가 클수록 분수의 크기가 크다.

분모가 다른 경우는 분모를 같게 하고 비교하면 돼. 어떻게 같게 하느냐

고? 방금 전까지 뻐억꿈! 말했잖아. 통분!!

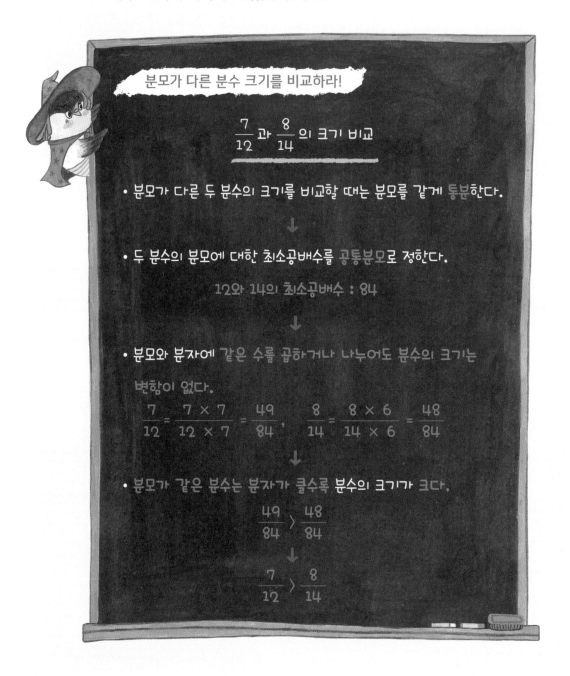

분모가 다른 분수 크기를 비교하라!

$$\frac{7}{12} 과 \frac{8}{14} 의 크기 비교$$

• 분모가 다른 두 분수의 크기를 비교할 때는 분모를 같게 통분한다.

↓

• 두 분수의 분모에 대한 최소공배수를 공통분모로 정한다.

12와 14의 최소공배수 : 84

↓

• 분모와 분자에 같은 수를 곱하거나 나누어도 분수의 크기는

변함이 없다.

$$\frac{7}{12} = \frac{7 \times 7}{12 \times 7} = \frac{49}{84}, \quad \frac{8}{14} = \frac{8 \times 6}{14 \times 6} = \frac{48}{84}$$

↓

• 분모가 같은 분수는 분자가 클수록 분수의 크기가 크다.

$$\frac{49}{84} > \frac{48}{84}$$

↓

$$\frac{7}{12} > \frac{8}{14}$$

아, 그리고 네가 수학 문제를 보고 놀라 꿈에서 깨는 바람에 팻말에 쓰인 수학 문제 하나를 못 봤어. 그 문제를 지금부터 살펴보자.

"동쪽 마녀의 땅은 에메랄드 시의 $\frac{1}{3}$, 그중에서 $\frac{3}{4}$이 까맣게 변했다. 그렇다면 에메랄드 시 전체 땅의 얼마큼이 검게 변한 걸까?"

지금까지 분수 계산하는 방법을 배웠으니 한번 풀어 볼까.

에메랄드 시 땅을 3등분한 것의 부분 1이 동쪽 마녀의 땅이야.

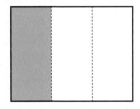

이것을 다시 4등분하면 전체 에메랄드 시는 12등분이 돼.

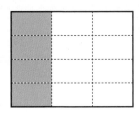

$\frac{1}{3}$ 의 $\frac{3}{4}$ 은 초록색인 $\frac{1}{3}$ 의 $\frac{3}{4}$ 만큼을 빨간색으로 색칠한 거야.

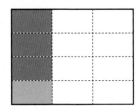

따라서 빨간색은 전체의 $\frac{3}{12}$ 이지. 바로 이 빨간색이 검게 변한 에메랄드 시의 땅이야.

검게 변한 땅은 에메랄드 시의 $\frac{1}{3}$ 의 $\frac{3}{4}$ 이므로, $\frac{1}{3} \times \frac{3}{4} = \frac{1 \times 3}{3 \times 4} = \frac{3}{12}$ 이야. 그러므로 검게 변한 땅은 $\frac{3}{12} = \frac{3 \div 3}{12 \div 3} = \frac{1}{4}$ 이므로 에메랄드 시의 $\frac{1}{4}$ 이지.

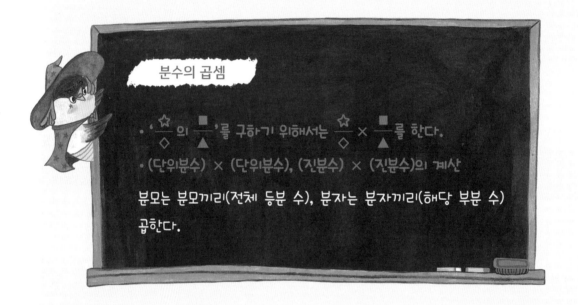

분수의 곱셈

• '☆ 의 ■'를 구하기 위해서는 ☆ × ■ 를 한다.
• (단위분수) × (단위분수), (진분수) × (진분수)의 계산

분모는 분모끼리(전체 등분 수), 분자는 분자끼리(해당 부분 수) 곱한다.

최대공약수와 최소공배수를 구해 봐!

1 × 9 = 9, 3 × 3 = 9를 보고 9의 약수를 말할 수 있니?

9의 약수란, 9를 나누어서 나눠떨어지게 하는 수니까,
1, 3, 9 야. 그러면 9도 9의 약수라는 거지?

9 곱하기 1을 하면 9고, 9 나누기 9를 하면 나누어떨어지니까
9는 9의 약수이면서 배수야. 그래서 9와 9는 약수이면서 배수의
관계지. 곤아, 45와 60의 공약수를 구해야 하는데,
각각 약수를 구한 다음 공약수를 찾아야 할까?

아니! 45와 60의 최대공약수를 구하면 되잖아.
최대공약수의 약수가 공약수니까! 45와 60의 최대공약수는
나눗셈을 이용해서 구하면 돼.

$$
\begin{array}{r}
5\,)\ \underline{45\quad 60} \\
3\,)\ \underline{\ 9\quad 12} \\
\downarrow\quad\ 3\quad\ 4
\end{array}
$$

5 × 3 = 15

그럼 45와 60의 최대공약수는 15이고, 15의 약수는
1, 3, 5, 15니까, 45와 60의 공약수가 1, 3, 5, 15야! 야호~

그럼 45와 60의 공배수는 어떻게 구할까?

45와 60의 최소공배수를 구하면 되지.
공배수는 최소공배수의 배수니까!
내가 최소공배수를 이용해서 45와 60의 공배수를 구해 볼게.

```
5 ) 45   60
3 )  9   12
     3    4
```
↓

5 × 3 × 3 × 4 = 180

자, 45와 60의 최소공배수는 180이고,
180의 배수는 180, 360, 540, …이니까,
45와 60의 공배수는 180, 360, 540, …이야.

약수와 배수를 이용해서 분모가 다른 분수의 덧셈이나 뺄셈도 할 수 있어! $2\frac{5}{6}$와 $1\frac{3}{8}$의 합을 계산하려면 어떻게 해야 해?

자연수는 자연수끼리, 분수는 분수끼리 더하면 되지. 우선 분모가 다르니까 6과 8의 최소공배수인 24로 통분하면 돼.

최소공배수를 공통분모로 할 수도 있지만 두 분수의 곱을 공통분모로 해도 돼. 하지만 두 수가 클 때는 그 곱이 커져서 복잡해지거나 약분을 해야 하는 번거로움도 있어.

맞아! 그리고 덧셈도 대분수를 가분수로 바꿔서 계산할 수 있어. 그 방법은 각각의 대분수를 가분수로 바꾼 다음, 두 분수의 분모를 통분하고 분자끼리 덧셈을 하는 거야. 뺄셈인 경우도 마찬가지야.

야호~ 맞았어!

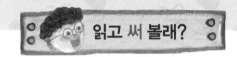

풍차를 세우자!

스노볼은 아무것도 생각해 내지 않는 나폴레옹과 달랐다. 스노볼은 연구를 열심히 해서 농장 근처의 언덕 위에 풍차를 세우자고 했다. 풍차가 있으면 겨울에 난방을 할 수 있고, 여물 써는 작두나 사료용 칼을 전기로 돌릴 수 있다고 생각했다. 시간이 갈수록 풍차에 대한 스노볼의 계획은 구체적으로 발전했다. 마지막으로 바닥에 깔 타일의 수를 계산해야 했다. 스노볼은 풍차 바닥에 깔 기본 타일로 가로가 16cm, 세로가 12cm인 노란 직사각형 타일을 선택했다. 그리고 이 기본 타일을 겹치지 않게 이어 붙여서 될 수 있는 대로 작은 정사각형 모양의 타일 바닥을 만들 계획이었다. 스노볼은 정사각형 모양의 타일 바닥을 만들기 위해 노란 직사각형 타일이 몇 장이나 필요한지 구해야 했다.

정사각형 모양의 타일 바닥은 가로 16 cm, 세로 12 cm인 직사각형 모양의 노란 타일을 겹치지 않게 이어 붙여서 될 수 있는 대로 작게 만들어야 한다. 정사각형 모양의 타일 바닥을 만들 때 필요한 노란 직사각형 타일의 수를 구해 보자.

직사각형으로 만들 수 있는 될 수 있는 대로 작은 정사각형의 한 변의 길이를 구하려면 16 과 12 의 최소공배수 를 구해야 한다.

$$
\begin{array}{r|cc}
2 & 16 & 12 \\
\hline
2 & 8 & 6 \\
\hline
& 4 & 3
\end{array}
$$

16 과 12 의 최소공배수는 2 × 2 × 4 × 3 = 48 이다. 따라서 한 변이 48 cm인 정사각형을 만들려면 가로 48 ÷ 16 = 3 (장)씩, 세로로 48 ÷ 12 = 4 (장)씩 이어 붙여야 한다.

그러므로 타일 바닥을 만드는 데 필요한 노란 타일의 수는 모두 4 × 3 = 12 (장)이다.

풍차를 만들기 위해 모두가 열심히 각자 맡은 일들을 했다. 그런데 염소 뮤리엘은 딴생각을 하느라 주어진 자기 몫의 일을 제대로 했는지 혼란스러웠다.

"내가 오늘 일을 얼마큼 했지? 분명히 내가 어제 한 일을 1이라고 정해서 오늘 얼마큼 했는지 분수로 써 놓았는데…… 지워졌네. 어제는 아파서 일을 많이 못 했어. 그래서 오늘은 어제의 5배 정도는 해야 해서 새벽부터 오전 내내 쉬지 않고 일을 하고 그 양을 분수로 써 놓았는데. 오후에 한 일은 $1\frac{3}{7}$이야. 오전에 한 일과 오후에 한 일 $1\frac{3}{7}$을 더해서 오늘 한 일을 써야 하는데, 잘못해서 뺐더니 $2\frac{4}{9}$가 되었지 뭐야. 휴, 도대체 오늘 내가 한 일은 얼마지?"

염소 뮤리엘이 오늘 오전과 오후에 한 일은 모두 얼마일까?

뮤리엘이 오늘 한 일의 양을 구하기 위해서 오늘 오전에 한 일과 오후에 한 일의 합을 구해야 한다. 어제 한 일의 양을 1이라고 할 때, 오전에 한 일의 양과 오후에 한 일의 양인 $1\frac{3}{7}$ 을 더해야 하는데 실수로 빼기를 해서 $2\frac{4}{9}$ 가 되었다. 따라서 오전에 한 일과 오후에 한 일의 합을 구하기 위해서는 먼저 오전에 한 일의 양을 구해야 한다.

오전에 한 일의 양을 △라 하면 $\triangle - 1\frac{3}{7} = 2\frac{4}{9}$ 라는 뺄셈식을 만들 수 있다. 오전에 한 일의 양 △는 다음과 같이 구할 수 있다.

$$\triangle = 2\frac{4}{9} + 1\frac{3}{7}$$

$$\triangle = (2 + 1) + (\frac{4}{9} + \frac{3}{7}) = 3 + (\frac{28}{63} + \frac{27}{63})$$

$$= 3 + \frac{55}{63}$$

$$= 3\frac{55}{63}$$

따라서 오늘 한 일의 양을 모두 구하기 위해서는 두 수를 더하면 된다.

$$3\frac{55}{63} + 1\frac{3}{7} = (3 + 1) + (\frac{55}{63} + \frac{27}{63})$$

$$= 4 + \frac{82}{63} = 4 + 1\frac{19}{63}$$

$$= 5\frac{19}{63}$$

뮤리엘이 오늘 한 일은 $5\frac{19}{63}$ 이다.

돼지들은 솜씨 좋게 암소의 젖을 짜서 우유 $5\frac{3}{8}$양동이를 채웠다. 많은 동물들이 그 많은 우유를 어떻게 할지 궁금해했다. 하지만 나폴레옹은 우유 양에 신경 쓰지 말고 마른풀을 모으라고 명령했다. 동물들이 줄지어 들판으로 가자 나폴레옹은 혼자서 전체 우유의 $\frac{3}{7}$을 먹었다. 그리고 나머지의 $\frac{3}{4}$을 감춰 두었다. 그렇다면 나폴레옹이 감춘 우유는 몇 양동이일까?

나폴레옹이 혼자서 암소에서 얻은 우유 $\boxed{5\frac{3}{8}}$ 양동이의 $\boxed{\frac{3}{7}}$을 먹고, 남은 우유의 $\boxed{\frac{3}{4}}$을 감췄다. 이때 나폴레옹이 감춘 우유의 양을 구해 보자.

나폴레옹이 혼자서 먹고 남은 우유는 전체의 $1 - \boxed{\frac{3}{7}} = \boxed{\frac{4}{7}}$이므로 감춘 우유의 양은 다음과 같다.

$$\boxed{5\frac{3}{8}} \times \boxed{\frac{4}{7}} \times \frac{3}{4} = \frac{43}{\overset{}{\underset{2}{8}}} \times \frac{\overset{1}{4}}{7} \times \frac{3}{4}$$

$$= \frac{129}{56} = \boxed{2\frac{17}{56}}$$

나폴레옹이 감춘 우유의 양은 $\boxed{2\frac{17}{56}}$ 양동이이다.

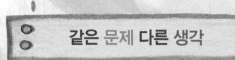

같은 문제 다른 생각

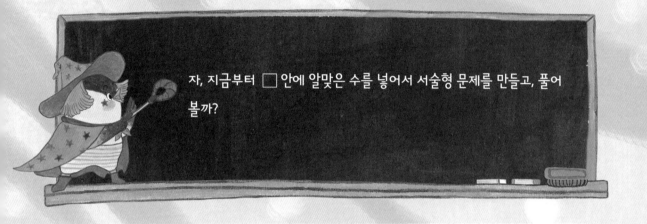

자, 지금부터 □ 안에 알맞은 수를 넣어서 서술형 문제를 만들고, 풀어 볼까?

가로와 세로가 각각 4보다 크고 10보다 작은 자연수 □ cm, □ cm의 직사각형이나 정사각형 모양 포장지가 있어. 이 포장지를 다른 모양의 직사각형이나 정사각형 모양으로 남김없이 오리려고 해. 이때 사각형의 수를 가장 많게 또는 가장 적게 오리려면 어떻게 해야 할까? 풀이 과정과 답을 구해 볼래?

이렇게 생각하면 어때?

모눈종이에 네가 정한 사각형 모양의 포장지를 그리고, 모양이 다른 정사각형이나 직사각형들로 그 포장지를 빈틈없이 채워 봐. 단, 포장지에 사각형을 그려서 채울 때, 먼저 그린 사각형을 뒤집거나 돌려서 다시 그려도 돼. 두 사각형은 다른 사각형으로 보기 때문이야. 그렇게 채운 사각형들의 가로 길이는 네가 정한 사각형의 가로 길이와 어떤 관계가 있을까? 세로 길이는 어떤 관계가 있을까? 반드시 생각해 봐야 할 것! 포장지를 모양과 크기가 다른 사각형들로 빈틈없이 채웠기 때문에 그 사각형들의 가로와 세로 길이가 반드시 네가 정한 사각형의 가로와 세로 길이의 공약수가 되는 것은 아니야. 모양과 크기가 다르니까. 알겠지?

시꾸기의 똑똑 정리

오늘 배운 수의 성질에 대해 정리해 보자.

가로 24cm와 세로 32cm인 직사각형 모양의 초코 케이크를 최대한 큰 정사각형 모양으로 남김없이 자르려면 어떻게 잘라야 할까? 잘라야 하는 정사각형 모양의 조각 케이크 한 변의 길이는 24와 32의 약수겠지? 정사각형이니까 가로와 세로가 같은 길이야. 그러면 24와 32의 공약수를 한 변으로 해야 하고 최대한 크게 만들라고 하니까 공약수 중 가장 큰 최대공약수 8을 조각 케이크의 한 변의 길이로 해야 해. 그러면 조각 케이크는 한 변의 길이가 8cm인 정사각형이야. 3 × 4 = 12(조각).

만일 가로와 세로가 24cm와 32cm인 직사각형 모양의 케이크를 이어 붙여서 최대한 작은 정사각형 모양의 케이크를 만들고자 한다면 24와 32의 최소공배수인 96을 한 변의 길이로 하는 정사각형 케이크를 만들어야 하겠지? 만들어진 정사각형 모양 케이크의 한 변의 길이는 공통된 배수들 가운데 가장 작은 수인 최소공배수가 되잖아.

집중!! 언제 최대공약수를 구해야 하고, 최소공배수를 구해야 하는지를 외우려 하면 안 돼! "직사각형 케이크를 크기와 모양이 같은 정사각형 케이크들로 남김없이 자를 때, 되도록 큰 정사각형 케이크들로 자르기

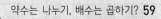

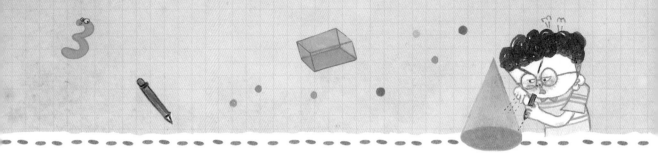

위해서" 조각 케이크의 한 변의 길이는 직사각형 케이크의 가로와 세로의 공통된 약수들 중 가장 큰 수이므로 최대공약수. "같은 모양의 직사각형 케이크들을 빈틈없이 붙여서 만든 정사각형 케이크 가운데 가장 작은 정사각형 케이크를 만들기 위해서" 정사각형 한 변의 길이는 직사각형 케이크의 가로와 세로 길이의 공통된 배수이므로 가장 작은 공배수인 최소공배수가 된다는 것을 깨닫기 위해서는, 반드시 문제를 읽고 그 내용을 머릿속으로 그려 봐야 해.

2장
소수 = 분수?

5학년 2학기   ■ 소수의 곱셈
                ■ 합동과 대칭
                ■ 분수의 나눗셈
                ■ 소수의 나눗셈

6학년 1학기   ■ 분수의 나눗셈

세상에 뿌려진 수학

미인은 선대칭?

며칠간 장마가 계속되었다. 30도가 넘는 무더위에 비까지 계속 내리니 후텁지근했다. 비 때문인지 밖에서 노는 친구들이 거의 없었다. 곤이는 앞자리에 앉은 루미와 정이가 공책으로 얼굴을 반씩 가리면서 핸드폰으로 사진을 찍는 모습을 신기하게 쳐다봤다.

"너희들, 뭐하냐?"

"얼굴의 대칭을 알아보는 거야."

"대칭?"

"이마의 중앙에서 얼굴을 반으로 나누는 선을 대칭축으로 해서 얼굴이 선대칭도형이 되면 미인이래."

"그래서 니들이 미인이라는 거야?"

곤이는 얼굴을 반으로 나누느라 공책을 이리저리 움직이고 있는 루미와 정이를 번갈아 보며 물었다.

"미인인지 알아보는 중!"

루미는 곤이를 째려보면서 쏘아붙였다.

곤이는 그러든지 말든지 루미와 정이를 계속 지켜보았다. 정이가 루미의 얼굴이 선대칭도형이 되는지를 먼저 알아보는 듯했다. 정이는 루미의 핸드폰으로 루미가 자신의 얼굴 반을 가리자 사진을 찍었다. 이번에는 루미가 반대쪽인 대칭축의 왼쪽을 가리자 정이의 핸드폰으로 사진을 찍었다. 그리고 두 핸드폰을 맞대서 눈, 코, 입이 대칭축으로부터 같은 거리에 떨어져 있는지, 크기는 같은지를 재어 보느라 바빴다.

"왼쪽 눈썹은 음…… 5.76cm인데, 오른쪽 눈썹은 4.8cm야. 왼쪽이 오른쪽의 몇 배지? 나눠 보면 되겠지? 5.76 ÷ 4.8을 하면……."

"소수를 어떻게 나눠?"

곤이가 불쑥 끼어들어 루미를 빤히 보며 물었다.

"어떻게 나누긴? 분수로 바꿔서 계산하든지, 세로로 계산하면 되지."

"분수로? 분수의 나눗셈은 어떻게 하는데?"

궁금증을 참지 못한 정이가 계산을 했다.

"5.76 나누기 4.8은 1.2!"

"땡큐! 쩡!"

루미가 고맙다고 웃어 보이며 왼쪽 눈과 오른쪽 눈을 번갈아 거울로 비쳐 보았다.

"그럼 왼쪽 눈썹이 오른쪽의 1.2배 길다는 거잖아. 그런데 눈썹 길이만 다른 게 아니야. 대칭축으로부터 왼쪽 눈과 오른쪽 눈이 떨어진 거리도 달라. 왼쪽은 약 3cm인데 오른쪽은 3cm가 안 돼! 뭐야, 왼쪽과 오른쪽이 모양과 크기가 똑같아야 하는데. 합동 말이야!"

"완전히 다르네. 야, 난 안 할래. 나도 해 보나 마나야."

"내 이럴 줄 알았어. 내가 예쁘지 않은 이유는 얼굴이 대칭을 이루지 않아서야. 그래도 쩡! 계산만 하지 말고 너도 재어 봐."

루미가 정이에게 얼굴의 반을 가리라며 공책을 건네주었다.

"난 안 한다니깐. 보나 마나 선대칭이 아닐 텐데 뭐."

"그럼, 뭐야? 점대칭이야? 호호호."

루미와 정이는 서로의 책상을 두들기면서 웃기 시작했다. 곤이는 뒤로 넘

어갈 듯 웃어 대는 루미와 정이가 이해되지 않았다.

"미인이 아니라는 게 그렇게 재미있니?"

"푸하하! 그게 아니라, 하하하! 푸푸푹. 점대칭이라잖아. 하하하! 으으으
배 아파."

"점대칭?"

곤이는 우습지 않았다. 얼굴이 점대칭으로 생겼다는 것이 도대체 어떻게
생겼다는 것인지 전혀 머릿속에 그려지지 않았기 때문이다. 한참을 웃던 루
미가 곤이를 툭툭 쳤다.

"곤아! 미안한데 선풍기 좀 틀어 줄래? 네 옆에 있잖아."

곤이는 어리둥절한 상태로 일어나서 선풍기 앞으로 갔다.

"1단?"

곤이가 루미에게 물었다.

"아니, 아니! 더 세게."

곤이는 2단으로 바람의 세기를 변경했지만 루미는 계속 고개를 저었다.

"아니, 더 세게!"

곤이는 한숨을 쉬면서 3단을 눌렀다. 그러자 곤이 책상에 있던 가정 통신
문과 낱장 종이들이 모두 교실 바닥에 흩날렸다.

"이건 너무 세잖아. 한 단만 낮춰 줘."

"네가 세게 하리고 했잖아, 두루미!"

"미안, 다시 해 줘."

곤이는 한숨을 쉬면서 2단을 눌렀다.

"정말 미안한데 곤아, 2.5나 2.4 정도는 안 될까?"

"버튼은 1, 2, 3, 4, 5야. 그런 자연수와 자연수 사이의 버튼은 없어!"

"선풍기 바람 세기는 왜 버튼식으로 만든 걸까? 다이얼로 만들었으면 2와
3 사이에도 맞출 수 있잖아."

"다이얼식도 그렇게 중간에는 못 맞추거든! 그래서 몇 번?"

곤이 주변 친구들이 모두가 '2번'이라고 외쳤다. 곤이가 선풍기의 세기를 2번에 맞추자 수업 시작종이 울렸다.

도형의 합동과 대칭, 소수의 계산

대칭축

곤이는 덜렁이를 쓰다듬고 있었다.

"시꾸기를 만나야겠어. 얼굴이 점대칭인 게 뭐가 우습다는 건지 모르겠어. 물어봐야지. 도형의 대칭은 뭐고…… 그래! 소수를 어떻게 나눌 수 있어? 분수는 또 어떻게 나누냐고! 휴~ 난 소수의 곱셈도 못하는데."

무릎에 앉아 있던 덜렁이는 꾸벅꾸벅 졸고 있었다. 그때 자정을 알리는 뻐꾸기가 울기 시작했다. 곤이는 열두 번이 다 울리고 시계 문이 닫히는 것을 보고 벽시계 앞에 얼굴을 들이대며 큰 소리로 말했다.

"도형의 대칭이 뭐야? 분수와 소수의 나눗셈도 알려 줘!!"

"아이고! 귀청 떨어지겠어. 그렇게 가까이 안 와도 된다. 쁘악꾹~"

온 세상이 멈춰 버렸다. 곤이와 시꾸기만 빼고. 시꾸기를 만난 이후, 곤이의 하루는 25시간이 되었다. 그런데 신기한 것은 덜렁이도 움직일 수 있다는 것이다. 오늘은 도망도 가지 않고 자리를 잡고 앉았다.

곤이는 시꾸기에게 손을 흔들며 반갑게 웃었다.

"정말 기다렸지 뭐야."

"뻐꾹~ 기다리기까지? 흐흐흐, 수학이 그렇게 좋아지고 있니?"

"좋을 거까지야. 하지만 알고 싶다는 생각은 들어. 오늘도 내 친구들이 도형의 대칭이니, 분수와 소수의 나눗셈을 이야기하는데 궁금하더라고."

"좋은 현상이야. 뻐억꾹~"

시꾸기는 시계 속에서 커다란 칠판을 들고 나왔다. 곤이는 저렇게 커다란 칠판이 어떻게 저 작은 시계 속에 들어갈 수 있을까 신기했다.

첫날과 달리 곤이는 시꾸기가 무슨 말을 할지 호기심 가득한 얼굴로 마주 앉았다. 시꾸기는 자기 깃털을 매만지며 칠판 앞으로 갔다.

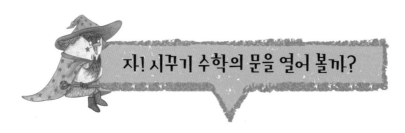

자! 시꾸기 수학의 문을 열어 볼까?

자, 친구들이 이마의 중앙을 세로로 지나는 선을 대칭축으로 하는 얼굴이 미인이라고 했니? 뿌아아악꾹! 선대칭도형은 아름다워. 인도에 있는 아그라 라는 도시에 가면 세계에서 가장 아름다운 건축물인 '타지마할'이 있어. 타지마할은 좌우가 대칭이지. 도화지에 타지마할을 그리면 선대칭도형이 될 거야. 그러고 보니 선대칭은 정말 아름다움의 기준이 맞는 것 같네. 뿌악국~

선대칭도형이란, 한 도형을 어떤 직선으로 접었을 때, 완전히 겹쳐지는 도형, 합동인 도형을 말해. 이를테면 정삼각형, 이등변삼각형, 정사각형, 직사각형, 마름모는 선대칭도형이야. 이때 접은 선인 어떤 직선이 대칭축이고, 대칭축을 중심으로 나뉜 두 도형은 합동이지.

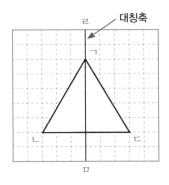

대칭축

ㄹ

ㄱ

ㄴ   ㄷ

ㅁ

합동이 무엇인지 묻고 싶은 거지?

합동은 모양과 크기가 같아서 포개었을 때, 완전히 겹쳐지는 두 도형을 서로 합동이라고 해. 합동인 두 도형을 완전히 포개어 보면 꼭 짓점, 변, 각이 각각 겹쳐져. 이때 겹쳐지는 꼭 짓점을 대응점, 겹쳐지는 변을 대응변, 겹쳐

지는 각을 대응각이라고 해. 위에 있는 삼각형 ㄱㄴㄷ의 대칭축을 중심으로 접으면 삼각형 ㄱㄴㅁ과 삼각형 ㄱㄷㅁ이 완전히 겹쳐지잖아. 따라서 삼각형 ㄱㄴㅁ과 삼각형 ㄱㄷㅁ은 합동이야. 선분 ㄹㅁ은 대칭축이고.

이렇게 합동인 삼각형 두 개를 겹쳐 보면 대응점, 대응변, 대응각이 각각 3개씩 생겨. 변 ㄱㄴ의 대응변은 변 ㄱㄷ이야.

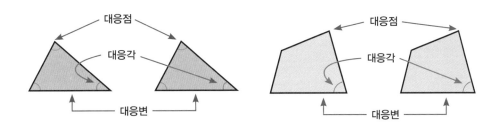

대응점   대응각   대응변   대응점   대응각   대응변

선대칭도형은 대칭축을 중심으로 접었을 때 완전하게 겹쳐지고, 그 겹쳐 진 도형들은 합동이야. 선대칭도형에서 대칭축의 개수는 도형마다 다를 수 있어. 1개만 있는 이등변삼각형이나 등변사다리꼴이 있고, 2개인 직사각형, 3개인 정삼각형, 4개인 정사각형이 있어. 그리고 원은 셀 수 없이 많아.

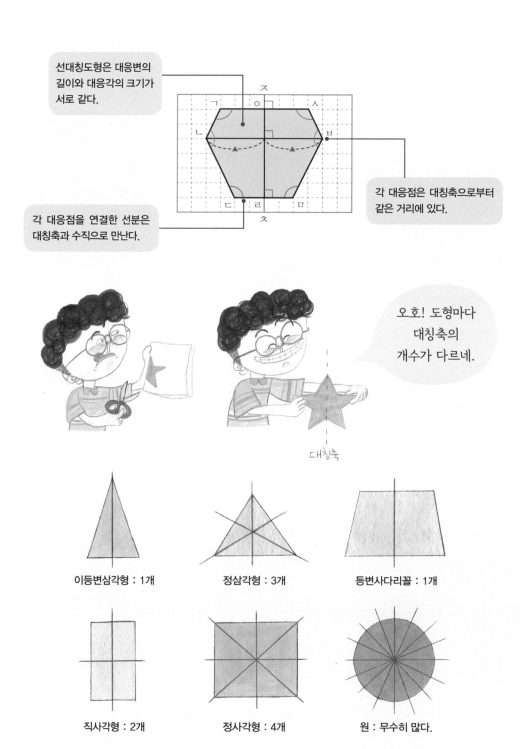

선대칭도형은 대응변의 길이와 대응각의 크기가 서로 같다.

각 대응점은 대칭축으로부터 같은 거리에 있다.

각 대응점을 연결한 선분은 대칭축과 수직으로 만난다.

오호! 도형마다 대칭축의 개수가 다르네.

대칭축

이등변삼각형 : 1개

정삼각형 : 3개

등변사다리꼴 : 1개

직사각형 : 2개

정사각형 : 4개

원 : 무수히 많다.

아 참! 곤이 친구들이 얼굴이 점대칭도형이면 정말 웃기겠다고 했지? 그럼 너도 상상을 해 봐. 왜 친구들이 웃었는지 말이야.

점대칭도형이란, 한 도형을 어떤 점을 중심으로 180도 돌렸을 때 처음 도형과 완전히 겹치는 도형을 말해. 이때 점을 대칭의 중심이라고 하고, 대칭의 중심은 항상 1개야.

그러면 얼굴이 점대칭도형이 되려면 어떻게 생겨야겠니? 턱도 이마처럼 생겨야 하고 눈과 눈썹, 입, 코의 형태도 그대로 있을 때나 뒤집었을 때나 모두 똑같이 생겨야 해. 푸하하하!

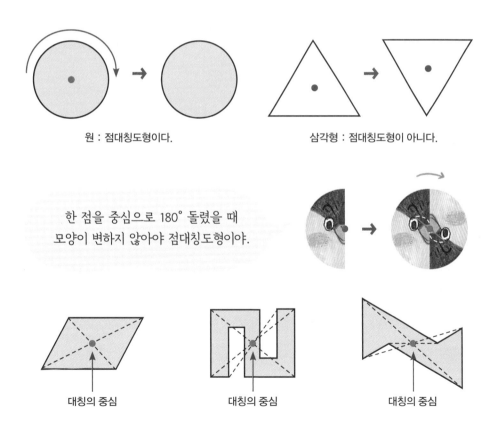

원 : 점대칭도형이다.

삼각형 : 점대칭도형이 아니다.

한 점을 중심으로 180° 돌렸을 때
모양이 변하지 않아야 점대칭도형이야.

대칭의 중심

대칭의 중심

대칭의 중심

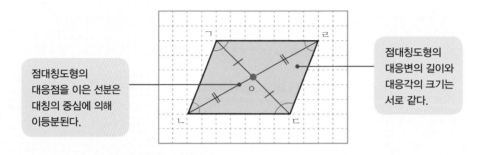

점대칭도형의 대응점을 이은 선분은 대칭의 중심에 의해 이등분된다.

점대칭도형의 대응변의 길이와 대응각의 크기는 서로 같다.

그래서 점대칭도형은 대칭의 중심을 기준으로 $180°$ 돌리면 처음 도형과 완전히 겹쳐져. 겹쳐지는 것은 대응변끼리, 대응각끼리니까 서로 길이와 크기가 같아. 대칭의 중심을 찾는 것은 쉬워. 점대칭도형의 대응점을 선으로 연결해서 만나는 점이 대칭의 중심이고, 이 중심은 대응점끼리 연결한 선분을 이등분하지.

이제 친구들이 웃은 이유를 알겠지? 뻐억꾹~

아, 그리고 루미가 자기 얼굴이 선대칭도형이 안 된다는 것을 어떻게 알았는지 기억나니? 맞아! 좌우의 눈썹 길이를 측정했는데 많이 달랐잖아. 왼쪽 눈썹은 5.76cm, 오른쪽 눈썹은 4.8cm. 왼쪽이 오른쪽의 몇 배인지를 알아보기 위해서 5.76 ÷ 4.8을 했었지.

소수의 나눗셈이 어렵다면 분수의 나눗셈으로 나타내면 계산할 수 있니?

이런! 분수의 나눗셈도 모른다고?

자, 그럼 분수와 소수의 관계를 먼저 알아야 해.

곤이도 알 거야. 분수가 생긴 지 3000년이 지나서 소수가 등장했다는 것을! 지금은 이렇게 수학 교과서에 나란히 등장하지만 소수는 분수 형님 곁에 있는 걸 영광스러워해야 해. 마치 너와 나처럼. 에헴~ 하지만 분수와 소수는 그 표현 방법이 다를 뿐이야. 그렇기 때문에 모든 소수는 모두 분수로 나타낼 수 있어.

$$0 \quad \frac{1}{10} \quad \frac{2}{10} \quad \frac{3}{10} \quad \frac{4}{10} \quad \frac{5}{10} \quad \frac{6}{10} \quad \frac{7}{10} \quad \frac{8}{10} \quad \frac{9}{10} \quad 1$$

0 0.1 0.2 0.3 0.4 0.5 0.6 0.7 0.8 0.9 1

1을 10등분한 것 중의 하나는 분수로 $\frac{1}{10}$ 이고 소수로 0.1이야. 마찬가지로 1을 100등분하면 그중의 하나는 $\frac{1}{100}$ 이고, 1을 1000등분하면 그중의 하나는 $\frac{1}{1000}$ 이야. 소수로는 0.01, 0.001이고. 규칙을 정리해 볼까?

분모가 10이면 소수 한 자리 수로, 분모가 100이면 소수 두 자리 수로, 분모가 1000이면 소수 세 자리 수로 나타낼 수 있어.

$$\frac{\blacksquare}{10} = 0.\blacksquare \text{ (소수 한 자리 수)} \qquad \frac{\blacksquare}{100} = 0.0\blacksquare \text{ (소수 두 자리 수)}$$

■ = 한 자리의 자연수

자연수는 왼쪽으로 자리를 하나씩 이동하면 자릿값이 10배씩 커져. 반대로 생각해 보면 오른쪽으로 자리를 하나씩 이동하면 자릿값은 $\frac{1}{10}$ 씩 작아지는 거야.

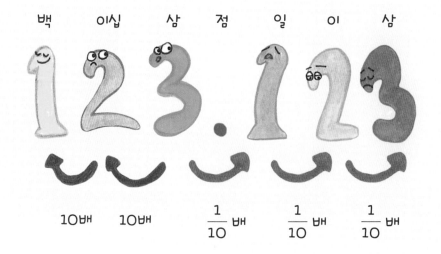

백　　이십　　삼　　점　　일　　이　　삼

10배　　　10배　　　$\frac{1}{10}$ 배　　$\frac{1}{10}$ 배　　$\frac{1}{10}$ 배

　　소수가 분수 다음에 태어났으니까, 당연히 모든 소수는 분수로 나타낼 수 있어. $0.12 = \frac{\overset{3}{\cancel{12}}}{\underset{25}{\cancel{100}}} = \frac{3}{25}$ 처럼 분모가 100인 분수로 고치고 기약분수로 나타내는 거야. 32.124는 $32\frac{\overset{31}{\cancel{124}}}{\underset{250}{\cancel{1000}}} = 32\frac{31}{250}$ 처럼 분모가 1000인 대분수로 나타내고 분수 부분을 기약분수로 나타내면 되고.

　　또한 나눗셈의 의미는 분수와 연결돼. 2 ÷ 5는 2를 똑같이 5로 나눌 때 그 중의 하나를 말하는 것과 같으니까 $\frac{2}{5}$ 와 같지?

$$2 \div 5 = \frac{2}{5}$$

　　분수를 소수로 나타내는 방법은, 분수의 분모를 10, 100, 1000…과 같이 나타내는 거야. $\frac{2}{5}$ 를 분모가 10인 분수로 고치면 소수로 나타낼 수 있어.

$$\frac{2}{5} = \frac{2 \times 2}{5 \times 2} = \frac{4}{10} = 0.4$$

물론 모든 분수의 분모를 10의 배수로 만들어 분수로 나타낼 수는 없어.

$2 \div 3 = \frac{2}{3}$잖아. 이때 분모인 3은 10이나 100과 같은 10의 곱으로 나타낼 수 없어. 이런 경우는 직접 나눗셈을 해서 소수로 나타내야 해.

$$\begin{array}{r} 0.66\cdots \\ 3\overline{)20} \\ \underline{18} \\ 20 \\ \underline{18} \\ 2 \end{array}$$

나눠 보니 어때? 소수점 이하 수가 계속되지? 이럴 때는 반올림을 해서 어림수로 나타내면 돼. 예를 들면 $\frac{2}{3}$ = 0.666…을 소수 둘째 자리 미만으로 어림하여 나타내려면 소수 둘째 자리에서 반올림을 해서 어림수인 0.7로 나타내면 되는 거야.

이제 자연수의 나눗셈은 분수로 나타낼 수 있고, 그 분수를 소수로 나타내는 것도 할 수 있지? 한 가지 기억해야 할 것은 분수를 이용해서 나눗셈을 곱셈으로 바꿀 수 있다는 거야. $2 \div 3$은 $2 \times \frac{1}{3}$ 과 같잖아. 다시 말하면 나늦셈은 나누는 수의 분모와 분자를 바꾼 곱셈으로 바꿀 수 있어.

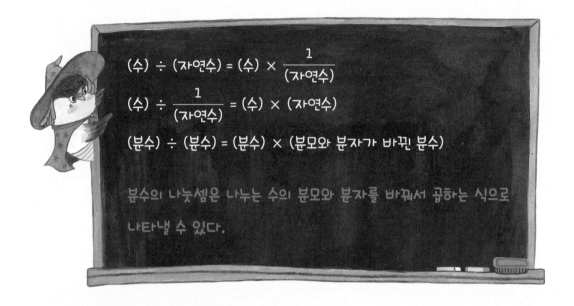

이번에는 소수의 곱셈에 대해 알아볼까.

1.6 × 3을 어떻게 계산할 수 있을까? 자, 잘 봐.

1.6 × 3을 분수의 곱셈으로 계산하고, 자연수와의 곱셈과 비교해 볼게.

$$16 \times 3 = 48$$

$$1.6 \times 3 = \frac{16}{10} \times 3 = \frac{16 \times 3}{10} = \frac{48}{10} = 4.8$$

1.6×3에서 1.6을 0.16, 0.016, 0.0016, 3을 0.3, 0.03, 0.003으로 바꿔서 계산해 보자.

$$1.6 \times 3 = \frac{16}{10} \times 3 = \frac{16 \times 3}{10} = \frac{48}{10} = 4.8$$

$$0.16 \times 3 = \frac{16}{100} \times 3 = \frac{16 \times 3}{100} = \frac{48}{100} = 0.48$$

$$0.016 \times 3 = \frac{16}{1000} \times 3 = \frac{16 \times 3}{1000} = \frac{48}{1000} = 0.048$$

$$0.0016 \times 3 = \frac{16}{10000} \times 3 = \frac{16 \times 3}{10000}$$

$$= \frac{48}{10000} = 0.0048$$

$$1.6 \times 3 = \frac{16}{10} \times 3 = \frac{16 \times 3}{10} = \frac{48}{10} = 4.8$$

$$1.6 \times 0.3 = \frac{16}{10} \times \frac{3}{10} = \frac{16 \times 3}{10 \times 10} = \frac{48}{100} = 0.48$$

$$1.6 \times 0.03 = \frac{16}{10} \times \frac{3}{100} = \frac{16 \times 3}{10 \times 100} = \frac{48}{1000} = 0.048$$

$$1.6 \times 0.003 = \frac{16}{10} \times \frac{3}{1000} = \frac{16 \times 3}{10 \times 1000}$$

$$= \frac{48}{10000} = 0.0048$$

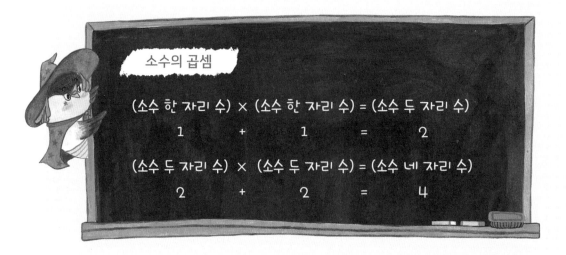

소수의 곱셈

(소수 한 자리 수) × (소수 한 자리 수) = (소수 두 자리 수)

　　1　　　+　　　1　　　=　　　2

(소수 두 자리 수) × (소수 두 자리 수) = (소수 네 자리 수)

　　2　　　+　　　2　　　=　　　4

(소수) × (소수)를 계산할 때, 자연수처럼 곱한 뒤 소수점을 찍으면 돼. 이때 곱하는 두 소수의 소수점 아래 자릿수의 합이 곱해서 나온 소수의 소수점 아래 자릿수와 같게 소수점을 찍으면 돼. 그리고 소수점 아래 끝 자리에 있는 숫자 0은 생략하는 거야.

$$0.85 \times 0.4 = 0.340 = 0.34$$

친구들이 눈썹의 길이를 측정했었지? 루미의 왼쪽 눈썹이 5.76cm이고, 오른쪽 눈썹이 4.8cm. 왼쪽이 오른쪽의 몇 배인지를 알기 위해 5.76 ÷ 4.8을 했었잖아. 이 계산은 어떻게 한 걸까? 자, 소수의 나눗셈 몇 가지를 해 보자.

2.4 ÷ 3을 계산해 보자.

2.4 ÷ 3은 2.4를 3으로 나누라는 말이야. 2.4를 3묶음으로 나눠 보면 한

묶음은 0.8이야. 반대로 생각하면 얼마를 세 번 반복해서 더하면 2.4가 될까? 그 답은 0.8이야. 따라서 나눗셈의 몫은 0.8이지.

분수로 고쳐서 계산하기

$$2.4 \div 3 = \frac{24}{10} \times \frac{1}{3} = \frac{\overset{8}{\cancel{24}}}{10 \times \underset{1}{\cancel{3}}} = \frac{8}{10} = 0.8$$

세로셈으로 계산하기

$$2.4 \div 3 \implies 3\overline{)\,2.4\,} = 0.8$$

$$
\begin{array}{r}
0.8 \\
3\,\overline{)\,2.4\,} \\
2\,4 \\
\hline
0
\end{array}
$$

몫의 소수점은 나눠지는 수의 소수점 자리에 맞춰 찍어. 2를 3으로 나눌 수 없으니까 자연수 부분은 0이지.

16.4 ÷ 8을 계산해 볼까?

분수로 고쳐서 계산하기

$$16.4 \div 8 = \frac{164}{10} \div 8$$

8로 164가 약분이 안 된다 $\rightarrow \dfrac{164}{10} = \dfrac{1640}{100}$ 이므로,

$$16.4 \div 8 = \frac{1640}{100} \times \frac{1}{8} = \frac{\overset{205}{\cancel{1640}}}{100 \times \underset{1}{\cancel{8}}} = \frac{205}{100} = 2.05$$

세로셈으로 계산하기

$$16.4 \div 8 \implies \begin{array}{r} 2.05 \\ 8{\overline{\smash{\big)}\,16.40}} \\ \underline{16} \\ 40 \\ \underline{40} \\ 0 \end{array}$$

소수 첫째 자리 계산에서
4를 8로 나눌 수 없으므로
몫의 소수 첫째 자리에
0을 쓴 거야.

6.72 ÷ 2.1을 계산해 보자.

6.72 나누기 2.1이란, 6.72를 2.1씩 나누면 얼마가 되는가, 아니면 6.72에서 2.1씩 몇 번을 덜어 낼 수 있는가를 구하는 거야. (소수) ÷ (자연수)의 계산을 이용하려면 나누는 수를 (자연수)로 바꾸면 할 수 있겠지? 물론 나누는 수를 자연수로 바꾸기 위해 곱한 10, 100, 1000…을 나뉘는 수에도 똑같이 곱해야 해.

분수로 고쳐서 계산하기

$$6.72 \div 2.1 = \frac{67.2}{10} \div \frac{21}{10} = 67.2 \div 21 = 3.2$$

$$6.72 \div 2.1 = 6.72 \times \frac{1}{2.1} = \frac{6.72}{2.1} = \frac{6.72 \times 10}{2.1 \times 10}$$

$$= \frac{67.2}{21} = 3.2$$

세로셈으로 계산하기

$$6.72 \div 2.1 \implies 2.1\overline{)6.72} \implies 21\overline{)67.2}$$

$$
\begin{array}{r}
3.2 \\
21\overline{)67.2} \\
\underline{6\ 3} \\
4\ 2 \\
\underline{4\ 2} \\
0
\end{array}
$$

이제 할 수 있겠지? 그럼 루미의 눈썹 길이를 계산해 볼까.

$$5.76 \div 4.8 \implies 4.8\overline{)5.76} \implies 48\overline{)57.6}$$

$$
\begin{array}{r}
1.2 \\
48\overline{)57.6} \\
\underline{4\ 8} \\
9\ 6 \\
\underline{9\ 6} \\
0
\end{array}
$$

그래서 왼쪽 눈썹은 오른쪽의 1.2배였던 거야.

오징어 4개를 똑같이 나눠 봐!

오징어 4마리를 5명이 나눠 먹으려면 한 사람당
얼마큼씩 먹으면 되는지 분수와 소수로 말해 봐!

나눗셈을 하면 되니까 $4 \div 5 = \frac{4}{5}$이고,
$\frac{4}{5} = \frac{8}{10} = 0.8$이잖아.

그런데 분모의 약수가 2 또는 5 이외일 때 분수를 소수로 나타
내면, $2 \div 3 = \frac{2}{3} = 0.6666\cdots$ 이렇게 계속 나가는
경우에는 어떻게 해야 하는지 알아?

나눠떨어지지 않는 나눗셈의 몫은 반올림해서 나타낼 수 있어. 몫을 반올림해서 소수 첫째 자리까지 구하려면 소수 둘째 자리에서 반올림해서 0.66… = 0.7이야.

그래! 이제 모든 분수를 소수로 나타낼 수 있겠지?

그런데 $\frac{3}{5} \div 3 \div 4$는 어떻게 계산하는 거야?

질문, 아주 좋은 현상이야. 뻐억꾹! 나눗셈을 계산할 때는 왼쪽부터 차례대로 분수를 소수로 바꿔서 나눠도 되고, 아니면 모두 분수의 곱셈으로 고친 후 한꺼번에 해도 돼. 해 볼래?

응! 나눗셈을 곱셈으로 바꿔서 계산해 볼게.
$$\frac{3}{5} \div 3 \div 4 = \frac{\cancel{3}^{1}}{5} \times \frac{1}{\cancel{3}_{1}} \times \frac{1}{4} = \frac{1}{20}$$ 이니까 답은 $\frac{1}{20}$ 이지?

소수로도 답을 할 수 있어. 분모가 100이 되려면 5를 곱하면 되니까 분자에도 5를 곱하면,
$$\frac{(1 \times 5)}{(20 \times 5)} = \frac{5}{100} = 0.05$$ 니까 소수는 0.05지롱!

맞아! 여기서 주의해야 할 점이 있어. 곱셈으로 바꾸지 않고
계산할 때는 반드시 왼쪽부터 차례대로 해야 해. 오른쪽부터 하면
답이 달라져. 나눗셈은 3 ÷ 4와 4 ÷ 3이 답이 다르잖아!
곤아, 소수의 나눗셈에서 중요한 것은 무엇이라고 생각하니?

나누는 수를 자연수가 되도록 소수점을 오른쪽으로 옮기고,
옮긴 자릿수만큼 나뉘는 수도 소수점을 옮기거나
자연수면 소수점을 옮긴 자릿수만큼 0을 덧붙여야 해!

OK! 그것만 기억하면 돼.

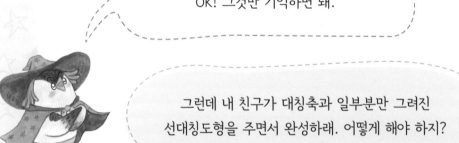

그런데 내 친구가 대칭축과 일부분만 그려진
선대칭도형을 주면서 완성하래. 어떻게 해야 하지?

선대칭도형은 대칭축을 중심으로 접으면 완전하게
겹쳐지잖아. 이때 겹쳐지는 점과 변들을 각각 대응점,
대응변이라고 하고. 대응점들을 연결한 선분은 대칭축에
수직이고 같은 거리만큼 떨어져 있지. 이 성질을 이용하면 돼.

아하! 그러면 대응점끼리 이은 선분은 대칭축과 수직으로
만나고, 대응점은 대칭축을 중심으로 같은 거리에
있으니까 안 그려진 대응점을 그릴 수 있겠구나.

그러면 점대칭도형에서 대칭의 중심과 도형의
일부분이 주어졌을 때 어떻게 그리면 될까?

한 점을 중심으로 180도 돌렸을 때 처음 도형과 완전히
겹쳐지는 도형을 점대칭도형이라고 하고, 그 점을 대칭의
중심이라고 해. 점대칭도형에서 대칭의 중심은 오직 1개뿐이야.
그러니까 대칭의 중심을 안다면 대응점을 찾는 것은 간단하지.

그래, 그럼 설명해 봐!

먼저 그려져 있는 점대칭도형의 대응점을 대칭의 중심과 연결
하고 그 길이만큼 대칭의 중심으로부터 연장을 하고 대응
점을 찍으면 돼. 그렇게 대응점들을 각각 그리고 차례
대로 그 점들을 연결하면 점대칭도형 완성!!

돈키호테의 모험

돈키호테가 다시 모험을 떠나겠다고 하자, 그의 하녀가 돈키호테에게 관심이 많은 젊은이 카라스코를 찾아가 도움을 청했다.

"이를 어쩌죠. 우리 주인님이 다시 모험을 떠나려 해요. 처음에는 몽둥이찜질을 당해 당나귀에 실려 왔고, 두 번째는 닭장에 갇혀 왔는데⋯⋯. 주인님은 자기가 마법에 걸렸다고 믿고 계세요. 우리 주인님께서 여기 복숭아와 감의 무게가 일정할 때 복숭아 1개와 감 1개 중에서 어느 것이 몇 kg 더 무거운지를 말하면 떠나지 않겠다고 하셨어요. 멋진 기사는 똑똑한 하녀의 말을 존중하신다고 하셨거든요. 제발 제게 어느 과일이 얼마큼 무거운지 알려 주세요."

하녀가 보여 준 쪽지에는 복숭아 5개에 $1\frac{1}{4}$kg이고, 한 봉지에 6개씩 들어 있는 감 4봉지의 무게는 $4\frac{4}{5}$kg이라고 적혀 있었다. 카라스코는 장난을 치고 싶은 생각에 하녀의 질문에 과일을 반대로 알려 주었다. 카라스코는 하녀에게 어떻게 말했을까?

하녀는 카라스코에게 복숭아 $\boxed{5}$ 개가 $\boxed{1\frac{1}{4}}$ kg이고, 한 봉지에 $\boxed{6}$ 개씩 들어 있는 감 4봉지의 무게는 $\boxed{4\frac{4}{5}}$ kg일 때, 과일 1개씩의 무게를 비교하면 어느 과일이 얼마큼 무거운지 물었다. 하지만 카라스코는 과일을 반대로 가르쳐 주었다. 카라스코가 가르쳐 준 것을 구하기 위해서는 먼저 실제 복숭아 1개와 감 1개의 무게를 구해야 한다.

$$(\text{복숭아 1개의 무게}) = \boxed{1\frac{1}{4}} \div \boxed{5} = \boxed{\frac{5}{4}} \times \boxed{\frac{1}{5}}$$

$$= \frac{\overset{1}{\cancel{5}}}{\boxed{4} \times \cancel{5}^{\,1}}$$

$$= \boxed{\frac{1}{4}} \text{ kg}$$

$$(\text{감 1개의 무게}) = \boxed{4\frac{4}{5}} \div 4 \div 6 = \boxed{\frac{24}{5}} \times \frac{1}{4} \times \frac{1}{6}$$

$$= \frac{\overset{1}{\cancel{24}}^{\cancel{6}}}{\boxed{5} \times \cancel{4}^{1} \times \cancel{6}^{1}}$$

$$= \boxed{\frac{1}{5}} \text{ kg}$$

따라서 $\boxed{\frac{1}{4}}$ > $\boxed{\frac{1}{5}}$ 이므로

복숭아 1개가 $\boxed{\frac{1}{4}}$ − $\boxed{\frac{1}{5}}$ = $\boxed{\frac{5}{20}}$ − $\frac{4}{20}$ = $\boxed{\frac{1}{20}}$ kg이 더 무겁다.

그러나 청년은 반대로 말해야 하므로 $\boxed{\text{감}}$ 1개가 $\boxed{\frac{1}{20}}$ kg 더 무겁다고 알려 주었다.

돈키호테가 멀리 있는 15개의 풍차를 보았다. 그리고 그의 하인 산초에게 말했다.

"우리가 생각한 것보다 더 멋진 행운이 펼쳐지고 있다. 산초, 저 어마어마한 거인 들이 보이느냐? 난 저 거인들을 모두 죽여 버리겠다. 이 땅에서 저런 악의 씨앗들 은 없애 버려야 해!"

그러자 산초가 말했다.

"주인님, 저건 거인이 아니라 풍차입니다."

"보아 하니 넌 모험에 관해서는 아무것도 모르는구나. 저건 거인이다. 겁이 나면 물러나라. 내가 지금부터 이 창으로 저기 길 한쪽에 0.3km의 간격으로 서 있는 15명의 거인들을 스치기만 해도 쓰러지는 광경을 보게 해 줄 테니. 거인 1명이 차 지한 땅의 폭이 0.42km니까 난 날카로운 이 창끝이 그들을 향하게 들고 이 길을 따라 몇 km만 달리면 이 전투는 끝나는 것이다."

그리고 돈키호테는 로시난테에게 박차를 가해 거인들을 향해 달려갔다. 돈키호 테가 풍차가 서 있는 길의

처음부터 끝까지 달려간

거리는 몇 km나 될까?

돈키호테가 로시난테를 타고 달린 거리는 가로 폭이 0.42 km인 풍차가 0.3 km의 간격으로 15 개 늘어서 있는 길의 처음부터 끝까지이다. 이 거리를 구하면 된다.

먼저 15 개의 풍차들 사이의 간격 수를 구한다.

$15 - 1 = 14$ (군데)이다.

(15개의 풍차 간격의 길이)

    = (풍차 사이의 간격) × (풍차 사이의 간격 수)

    = 0.3 × 14 = 4.2 km

(15개의 풍차가 차지한 도로의 길이)

    = (풍차 한 개의 가로 폭) × 풍차의 개수

    = 0.42 × 15 = 6.3 km

(돈키호테가 달려야 하는 거리)

    = (15개의 풍차 간격 길이의 합) + (15개의 풍차 가로 폭의 합)

    = 4.2 + 6.3 = 10.5 km

따라서 돈키호테가 달려야 하는 도로의 길이는 10.5 km다.

공작과 공작부인은 돈키호테와 산초를 성으로 초대해 멧돼지 사냥을 나갔다. 갑자기 숲에서 어떤 마부가 수레를 끌고 나와 검은 물이 든 병을 높이 들며 그들 앞을 지나고 있었다. 이때 장난기 가득한 눈빛으로 공작이 물었다.

"자네는 누구이며, 어디로 가는 길인가?"

그러자 마부는 소름 끼치는 소리로 대답했다.

"나는 악마다. 나는 라만차의 돈키호테를 찾고 있다. 저기 오는 사람들은 마법사며, 마법에 걸린 둘시네아를 마차에 태워 데려오고 있다. 돈키호테, 어디 있느냐!"

마부는 말을 하면서 물병에 든 검은 물을 $\frac{3}{4}$ 마셨다.

"원래 이 죽음의 물이 가득 담겼던 병의 무게는 225g이고, 내가 마시고 남은 이 병의 무게는 121.5g이다. 용맹스럽고 슬기로운 돈키호테가 여기 있다면 이 빈 병의 무게를 알 것이다. 이 빈 병의 무게를 말하는 자가 없다면 내 마법으로 돈키호테는 죽은 것이다. 그러면 우리는 둘시네아가 타고 있는 마차를 태워 버릴 것이다."

이때 로시난테를 타고 있던 돈키호테가 빈 병의 무게를 말했다. 그러자 마부는 아무 말 없이 지나갔다. 돈키호테가 말한 빈 병의 무게는 몇 g이었을까?

죽음의 물이 가득 담긴 병의 무게는 $\boxed{225}$ g이고, 그 물의 $\boxed{\dfrac{3}{4}}$ 을 마신 후 병의 무게는 $\boxed{121.5}$ g이었다. 죽음의 물이 담겨 있던 빈 병의 무게가 얼마인지 구하기 위해서는 죽음의 물만의 무게를 구해야 한다.

마신 물의 무게를 구하면 다음과 같다.

(검은 물이 가득 담긴 병의 무게) – (검은 물의 $\dfrac{1}{4}$ 이 담긴 병의 무게)

$$= (\text{검은 물의 } \boxed{\dfrac{3}{4}} \text{ 의 무게})$$

$225 - \boxed{121.5} = \boxed{103.5}$ g이므로 이 물은 처음 병에 든 물의 $\boxed{\dfrac{3}{4}}$ 이다.

병에 들어 있던 물의 $\dfrac{1}{4}$ 의 무게는 $\boxed{103.5} \div 3 = \boxed{34.5}$ g이다.

따라서 병에 들어 있던 물의 무게는 $\boxed{34.5} \times 4 = \boxed{138}$ g이므로

빈 병의 무게는 $\boxed{225} - \boxed{138} = \boxed{87}$ g이다.

돈키호테가 마부에게 $\boxed{87}$ g이라고 말하자 마부는 아무 말 없이 지나갔다.

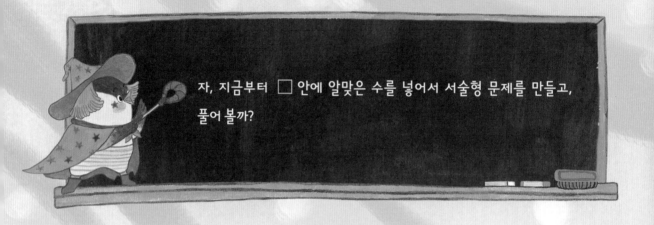

같은 문제 **다른 생각**

자, 지금부터 ☐ 안에 알맞은 수를 넣어서 서술형 문제를 만들고,
풀어 볼까?

7.3이나 7.1 중 한 수를 '10보다 작은 어떤 자연수' ☐로 나눌 때, 그 몫은 소수점 이하로 끊임없이 나열돼. 이때 ☐와 소수점 이하로 끊임없이 나열되는 몫의 소수점 이하 103번째 숫자를 구하는 과정과 답을 각각 구해 볼까?

이렇게 생각하면 어때?

네가 만든 나눗셈을 분수로 나타낼 수 있지? 분자가 소수라고? 그럼 분자와 분모에 똑같이 10을 곱하면 되잖아. 그런 다음 그 분수를 기약분수로 나타낼 때, 분모가 2나 5의 곱으로만 나타낼 수 있으면 분자를 분모로 나눴을 때 나머지가 0으로 딱 떨어지게 돼. 그렇다면 7.3이나 7.1을 어떤 수로 나눠야 나눠서 떨어지지 않을까? 소수점 이하 계속~ 계속~ 수가 나열될 수 있도록 만들어 봐.

시꾸기의 똑똑 정리

자, 이제 소수와 분수의 덧셈과 뺄셈, 곱셈과 나눗셈에 대하여 정리해 볼까? 100원과 100달러를 합하면 얼마인지 말해 봐. 화폐의 단위가 달라서 더할 수 없다고?

$\frac{2}{5} + \frac{4}{7}$ 나 $\frac{5}{9} - \frac{2}{7}$ 와 같은 분수의 덧셈이나 뺄셈도 분모가 다르면 단위가 다른 것이므로 그냥 계산할 수 없어. 그래서 공통분모를 만들어 통분해서 계산해야 해.

나눗셈은 분수와 아주 친해. $2 \div 3$은 2를 3으로 똑같이 나누는 것이므로 2의 $\frac{1}{3}$이지. 따라서 자연수의 나눗셈은 분수로 나타낼 수 있고, 그 의미를 이용해서 나눗셈을 곱셈으로 바꿔서 계산할 수 있어. (수) ÷ (자연수) = (수) × $\frac{1}{(자연수)}$, (수) ÷ $\frac{1}{(자연수)}$ = (수) × (자연수)와 같이 말이야.

소수의 곱셈이나 나눗셈은 자연수의 곱셈이나 나눗셈과 매우 비슷하지만 소수점의 위치를 정확하게 나타내야 해. (소수) × (소수)를 계산할 때, 소수점 아래 자릿수의 합이 곱한 소수의 소수점 아래 자릿수와 같아! 왜냐하면 $1.6 \times 0.48 = \frac{16}{10} \times \frac{48}{100} = \frac{768}{1000} = 0.768$처럼 곱하는 각 소수의 소수점 아래 자릿수의 합이 분수로 바꿔서 곱하는 경우 분모에 있는 0의 개수의 합과 같잖아. 따라서 (소수점 아래 한 자리 수) × (소수점 아래 두 자리 수) =

(소수점 아래 세 자리 수)인 거야. 외우지 말고 원리를 기억하도록!

(소수) ÷ (소수)를 할 때, 나누는 수인 (소수)를 자연수로 바꿔서 계산을 해야 해.

(소수) ÷ (소수) = $\dfrac{(소수)}{(소수)}$ 잖아. 분모에 곱한 수를 분자에도 곱해야 분수의 크기가 같아져!

이처럼 자연수의 덧셈, 뺄셈, 곱셈, 나눗셈을 이해하면 나눗셈으로 분수를 이해할 수 있게 되고, 소수와 그 연산도 이해할 수 있게 돼. 다른 과목에서도 그렇지만 특히 수학은 기본 개념을 이해하지 않고서는 그다음 개념을 전혀 이해할 수도 없고, 문제를 푸는 것은 더욱 어려워져. 그렇다고 방법만 외워서 문제를 푼다면 더 이상 수학 실력이 늘지는 않을 거야. 외우면 안 되고 이해해야 해!

3장
세상 속 도형들

5학년 1학기   ■ 직육면체
             ■ 다각형의 넓이

6학년 1학기   ■ 각기둥과 각뿔
             ■ 직육면체의 겉넓이와 부피(겉넓이)

내가 살고 싶은 집은 어떤 도형일까?

마지막 수업 시간은 미술이다. 담임 선생님께서 두꺼운 종이로 만든 집 모형을 들고 들어오셨다. 제법 커다란 집이었다.

"지금 선생님이 교탁 위에 올려놓은 것이 무엇으로 보이니?"

"집이요!"

"강아지 집이에요?"

"인형 집인가?"

학생들의 호기심에 가득 찬 질문들이 교실을 둥둥 떠다녔다. 담임 선생님께서 미소를 지으시면서 칠판에 '내가 살고 싶은 집'이라고 쓰셨다.

"여러분이 살고 싶은 집은 어떻게 생겼을까? 이번 시간에는 너희들이 미래에 살고 싶은 집을 만들어 볼 거야."

"어떻게 만들어요?"

"수학 시간에 직육면체나 정육면체의 전개도와 겨냥도에 대해 배웠지?"

"네~!"

"그래. 그럼 너희들이 배운 지식을 활용해서 살고 싶은 집을 만들어 봐. 우선 전개도를 만들어야겠지? 그리고 오려서 자기만의 집을 만들어 보는 거야. 오늘 준비물이 두꺼운 도화지, 색종이, 풀, 그리고 사인펜이었지? 이 준비물들을 이용해서 만들어 보자."

"기억이 잘 안 나는데요."

"수학 책을 찾아보면서 해도 돼. 지금 여러분이 보고 있는 이 집 모형은 선생님이 할머니가 되었을 때 살고 싶은 집이야. 이 집의 밑면의 넓이는 $112\,\text{cm}^2$란다. 나중에는 지금 모형의 만 배 정도 크기로 지을 거야."

선생님께서 흐뭇한 미소를 지으셨다.

"만 배씩이나요? 멍멍이와 야옹이들을 많이 키우시려고요?"

"하하하. 그렇게 커야 나중에 여러분이 선생님 집에 놀러 와서 자고도 갈 수 있지 않겠니?"

"와! 신난다. 감사합니다, 선생님!"

"선생님! 지금 각자 집을 만드는 건가요?"

"그래, 시작해 봐. 각각의 방이나 거실 등 구체적인 모양은 생략하고 우선 집의 형태만 만들어 보자. 그럼 전개도를 그리는 것부터 시작해 봐. 그리고 나중에 살게 될 집의 크기도 구체적으로 생각해 보고."

"선생님, 넓이를 말씀하시는 거예요?"

'내가 살고 싶은 집'

"그래."

"그럼 밑넓이만 구하면 돼요?

아니면 집 모형의 겉넓이를 구해야 해요?"

"집 모형의 겉넓이를 구하는 것으로 하자."

"네!"

곤이의 친구들은 바쁘게 움직이기 시작했다.

하지만 맨 구석에 앉아 있는 곤이는 커다

란 도화지를 뚫어지게 쳐다볼 뿐이었다.

이때 루미가 곤이에게 작게 말했다.

"야! 너 눈에서 레이저 나오겠다. 도화지 다 타겠어."

"으으으, 다 태워 버리고 싶은 심정이야."

"왜?"

"수학 시간에 배운 전개도를 왜 미술 시간에 그려야 해? 그리고 집 모형의 넓이는 또 어떻게 구하냐고."

"뭐? 넌 수학 시간에 뭐했냐? 직육면체하고 정육면체는 5학년 때 배운 거 잖아. 우리는 직육면체나 정육면체와 같은 사각기둥뿐만 아니라 밑면의 모양에 따라 삼각기둥, 오각기둥과 같은 각기둥도 배웠어. 그뿐이야? 피라미드처럼 밑면이 하나인 입체도형은 각뿔!"

"두루미는 잘났네! 난 기억이 하나도 안! 난! 다!"

"어이구. 우선 네가 살고 싶은 집만 그려. 어떤 모양인지 말이야. 겨냥도를 그려 보라고."

"겨냥도는 또 뭐야?"

"눈에 보이는 선은 실선! 안 보이는 선은 점선! 입체도형을 그리는 거 말이야."

"아하, 그런 그림을 겨냥도라고 해? 알았어."

곤이는 자기가 살고 싶은 집이 어떤 모양일까 생각하면서 중얼거렸다.

"난 집을…… 두 개의 건물로 나눌 거야. 상자처럼 생긴 건물에서는 나와 가족들이 살고, 피라미드처럼 생긴 건물에서는 작업을 해야지. 하루 종일 내가 상상하는 이야기…… 글 쓰는 데 집중할 수 있는 내 작업실로 사용할 거야. 그리고 집의 모서리마다 금색 테두리를 둘러야겠다. 음, 멋져, 멋져. 그런데 이 집의 전개도를 어떻게 만들지? 전개도가 2개 필요한데……."

곤이는 루미를 흘깃거리면서 쳐다보았다. 바로 그때 수업이 끝나는 종이 울렸다.

"여러분, 시간이 다 되었으니 내일까지 모두 완성해서 가져오기로 해요. 자기 집의 모형과 전개도, 그리고 겉넓이를 구해 오면 돼요."

"네~!"

곤이는 꿈에 그리는 집을 연습장에 끄적거린 것이 전부였다. 곤이는 화장실을 가려고 일어나는 루미를 붙잡았다.

"야, 두루미! 오늘 수업 끝나고 우리 집에서 숙제할래?"

"안 돼. 난 오늘 영어 학원 가야 해. 우리 각자 하는 것으로 하자."

"매정한 두루미!"

곤이는 다시 고개를 숙였다.

다양한 도형들과
도형의 넓이, 겉넓이, 부피

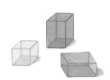

곤이는 현관문을 열고 집 안으로 들어갔다. 거실 바닥에 가방을 던져두고 힘없이 주저앉자 덜렁이가 꼬리를 흔들며 무릎 위로 올라왔다. 곤이는 덜렁이의 등을 쓰다듬었다.

"이 멋진 곤이 형님이 어려운 숙제를 해야 하는데……. 덜렁아, 어쩌면 좋니. 넌 학교 안 가도 되고 좋겠다. 휴~"

덜렁이가 곤이의 엄지발가락을 살짝 물더니 곤이 방으로 달려갔다. 곤이도 따라갔다. 덜렁이는 뻐꾸기시계 앞에서 뱅글뱅글 돌았다.

"맞다, 시꾸기! 시꾸기가 있었지. 덜렁이는 천재!"

곤이는 마음이 가벼워졌다. 우선 시꾸기를 기다리면서 미래의 집을 그려 보기로 했다. 그리고 교과서를 보면서 전개도를 연구했다. 자기가 할 수 있는 부분까지는 해 두고 시꾸기에게 질문을 해야 숙제가 빨리 끝난다고 생각했기 때문이다.

곤이는 저녁을 먹고 숙제를 좀 더 하다가 엄마 아빠에게 인사를 하고 자는 척했다. 12시가 될 때까지 기다려야 했다. 침대에 누워 있으려니 졸음이 쏟아졌다. 하지만 늦은 시간까지 안 자고 있으면 엄마 아빠가 의심을 할 수도 있으니까 어쩔 수 없었다. 드디어 12시를 알리는 뻐꾸기의 울음소리가 울렸다. 그런데 열두 번째 소리가 끝났는데도 시꾸기가 나오지 않았다. 곤이는 일어나 불을 켜고 시계 문을 두드렸다.

"어, 시꾸기가 왜 안 나오지? 이상하다……."

곤이는 시계 문 두드리던 손을 멈추었다.

"아하, 맞다! 수학을 가르쳐 달라고 소리치랬지? 뭐라고 하지? 그래!"

곤이는 헛기침을 두 번 하고 소리쳤다.

"전개도와 겉넓이 구하는 방법을 알려 줘!"

곤이는 시계를 뚫어져라 쳐다보았다. 한 30초 정도 지나자 시계 속 뻐꾸기가 고개를 내밀었다.

"30초만 늦었어도 날 못 봤을 거야. 뻐억꾹! 잊어버릴 게 따로 있지. 반드시 12시를 알리는 내 울음이 끝나고 5분 안에 날 불러야 한다고 했잖아. 큰 소리로~ 에험!"

시꾸기는 부리 주변의 털을 모아서 턱수염마냥 쓰다듬으면서 곤이 앞에 사뿐히 내려앉았다.

"어휴, 다행이다. 시꾸기가 없으면 난 오늘 숙제 손도 못 댈 뻔했어. 나와

줘서 고마워."

"그렇지! 내 존재에 대한 소중함을 이제야 받아들이는군. 뻐억~꾹~ 자!
본론으로 들어가 볼까."

"응. 도형에 대한 내용이 너무 어려워. 난 넓이를 배운 적도 없는 것 같
은데."

"음, 뻐꾹뻐꾹! 넌 학교에서 분명히 배웠어. 하지만 상관없다. 오늘 모든
것을 알게 될 테니. 그럼 어디부터 시작할까?"

곤이는 천천히 도리질을 했다. 그러자 시꾸기는 시계 속에서 초록색 상자
와 노란색 상자, 붉은색 테이프를 들고 나왔다.

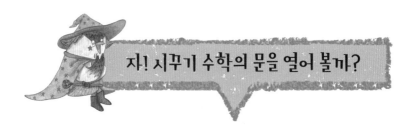

자! 시꾸기 수학의 문을 열어 볼까?

지금부터 곤이가 앞으로 살고 싶은 집 이야기를 해 볼까?

네 마음을 읽어 보니 음, 초록 상자처럼 생긴 건물과……. 잠깐! 이런 모양
이 틀렸네. 노란 상자처럼 생긴 건물이 아니었어. 다시 들어가서 가져올게.

시꾸기는 시계 속에서 사각뿔과 삼각뿔 모형을 가지고 나왔다.

이렇게 생긴 작업실을 생각하는구나? 뻐억꾹~

뭐라고? 집 모형의 모서리에 금색으로 띠를 두르고 싶다고? 알았어, 알았
다고. 뻐억꾹~!

그럼 먼저 네가 살고 싶은 집을 만들 수 있어야겠지?

우선, 직육면체와 정육면체부터 공부해 보자.

초록 상자처럼 직사각형 모양의 면 6개로 둘러싸인 도형을 **직육면체**라고 하고, 노란 상자처럼 정사각형 모양인 면 6개로 둘러싸인 도형을 **정육면체**라고 해.

네 옷장과 네가 좋아하는 케이크 상자처럼 생긴 입체도형을 직육면체라고 하는 거야. 직육면체나 정육면체는 서로 마주 보고 있는 면들이 평행하고 서로 만나는 면끼리 수직이야. 마주 보는 면은 모두 3쌍이고, 한 면에 수직인 면은 4개야.

같은 색끼리는 평행이고,
다른 색 면끼리는 수직이야.

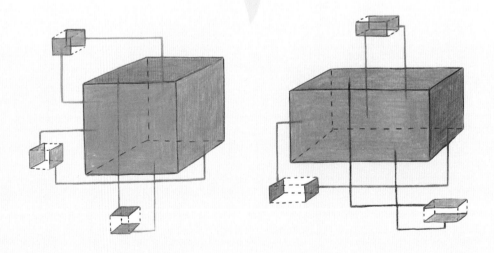

히히 뾱국~ 집중! 여기 직육면체를 이루는 6개의 평평한 면이 보이지? 이렇게 면과 면이 만나는 선분을 모서리, 모서리들이 만나는 점을 꼭짓점이라고 해.

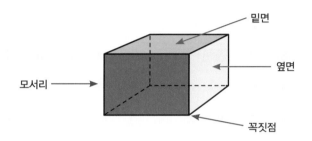

직육면체나 정육면체의 모양을 잘 알 수 있도록 보이는 모서리를 실선으로, 보이지 않은 모서리는 점선으로 그리는 그림을 직육면체의 겨냥도라고 하는 거야.

너도 그렸었지? 이런, 이런. 그런데 모두 실선이네? 그 부분만 수정하면 되겠다.

자, 어때? 이게 바로 곤이 네가 살고 싶은 집의 겨냥도야.

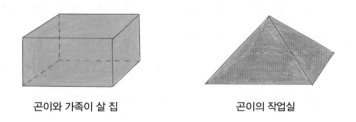

곤이와 가족이 살 집　　　　　　　곤이의 작업실

직육면체의 면들은 모두 직사각형이나 정사각형이야. 직사각형은 4개의 변으로 이루어지고, 이 변들 길이의 합이 바로 직사각형의 둘레지. 그러면 직사각형의 둘레는 어떻게 구할 수 있을까?

직사각형의 모든 변의 길이를 더하면 돼. 그런데 마주 보는 가로와 세로 길이가 각각 같으니까 가로와 세로를 더한 후에 2배를 하면 되지.

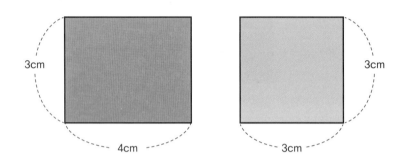

(직사각형의 둘레) = (가로) + (세로) + (가로) + (세로)
            = (가로 + 세로) × 2
(직사각형의 둘레) = 3 + 4 + 3 + 4 = (3 + 4) × 2 = 14cm

정육면체의 면은 모두 똑같이 생긴 정사각형이야. 정육면체의 한 면인 정사각형의 둘레는 어떻게 구할까? 그래, 직사각형처럼 구하면 돼. 그런데 정사각형은 네 변의 길이가 모두 같으니까 한 변을 4배 하면 되지.

(정사각형의 둘레) = (한 변) + (한 변) + (한 변) + (한 변)
            = (한 변) × 4
(정사각형의 둘레) = 3 + 3 + 3 + 3 = 3 × 4 = 12cm

이렇게 직사각형과 정사각형의 둘레를 구할 수 있으면 직육면체의 모서리를 둘러쌀 금색 테이프의 길이도 구할 수 있어. 뻐어꾹~

직육면체나 정육면체의 모서리를 펼치기 위해서는 일부 모서리를 잘라야 해. 이때 자른 모서리는 실선(—)으로, 자르지 않고 펼친 모서리는 점선(⋯)으로 그려서 펼쳐 놓으면 전개도가 돼. 어떻게 펼치느냐에 따라 전개도는 다양하게 그려지지만, 면이 6개라고 해서 모두 직육면체의 전개도는 아니야. 항상 평행인 면은 2개씩 3쌍이고, 서로 마주 보게 그려야 한다고. 뽁꼭!

직육면체나 정육면체로 만들었을 때 서로 다른 색의 면은 서로 붙어 있고, 같은 색의 면은 서로 붙어 있지 않아!

이제 집의 모서리를 두를 색 테이프의 길이를 구해 볼까?

내가 가져온 초록색 직육면체는 가로 18cm, 세로 10cm이고 높이가 10cm이므로, 모서리에 붙이기 위한 색 테이프의 길이는 직육면체 모서리 길이의 합과 같잖아.

그럼 색 테이프는 모두 몇 cm가 필요할까?

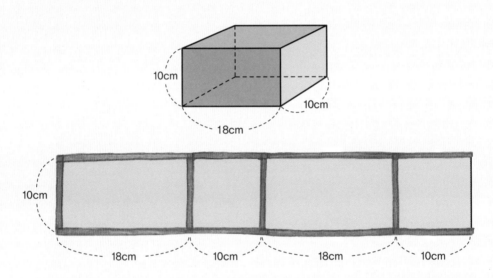

직육면체의 밑면의 둘레는 (가로 + 세로) × 2이고, 밑면이 2개니까 (18 + 10) × 2 × 2 = 112cm야. 그리고 옆면의 모서리는 4개니까 (높이) × 4 = 10 × 4 = 40cm지.

총 테이프의 길이는 (밑면의 둘레) × 2 + (옆면의 모서리) × 4 = 112 + 40 = 152cm야.

뭐? 집 벽면에 타일을 붙이고 싶다고? 직육면체의 옆면에만 타일을 붙이겠다는 거지? 그런 얘기는 안 했었잖아?

갈대처럼 흔들리는 네 마음, 인정해 주지. 뻐억 켁켁국~!

그러면 옆면에 타일을 다 붙이고 난 후에, 모서리에 색 테이프를 둘러야 겠는걸.

한 변의 길이가 1cm인 정사각형 모양의 하늘색 타일을 붙여 볼까.

직육면체의 전개도에서 옆면이 직사각형 모양이니까 이 하늘색 타일을 빈틈없이 붙이려면 몇 개나 필요할까? 옆면의 가로가 56cm이고, 세로가 10cm이니까 타일은 가로로는 56번, 세로로 10번 붙여야 빈틈없이 덮어져.

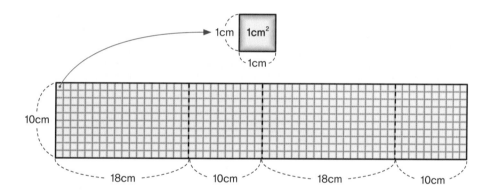

한 변의 길이가 1cm인 정사각형의 넓이를 1cm²라 쓰고 1제곱센티미터 라고 읽어.

여기 하늘색 타일의 넓이가 1cm²잖아. 옆면을 가득 메우기 위해서는 가로로 56개씩 세로로 10번 붙이면 돼. 그리고 필요한 타일의 수가 560개라는 걸 알 수 있어. 그럼 옆면의 넓이는 단위넓이가 몇 개인지를 구하면 되겠지. 옆면의 넓이를 구해 볼까?

(1cm²) × 560 = 560cm²니까 옆면의 넓이는 560cm²야. 앞으로 직사각형

이나 정사각형의 넓이를 구할 때, 단위넓이는 곱할 필요가 없고 단위넓이가 몇 개 있는지를 구하면 된다는 말씀!

$$(직사각형의\ 넓이) = (가로) \times (세로)$$
$$(정사각형의\ 넓이) = (한\ 변) \times (한\ 변)$$

자, 곤아! 이제 네가 만든 집 모형의 밑면의 넓이를 구할 수 있겠지?

$$(직사각형의\ 넓이) = (가로) \times (세로) = 18 \times 10 = 180cm^2$$

그렇다면 지금 살고 있는 너희 집의 바닥도 직사각형이니까 그 넓이를 구할 수 있겠다. 하지만 실제 너희 집 바닥은 가로가 1000cm인 직사각형이니까 수가 너무 커지겠네. 그러면 더 큰 단위가 필요하겠지?

한 변이 1m인 정사각형의 넓이를 $1m^2$라 쓰고 1제곱미터라고 읽어. 넓이가 $1m^2$인 정사각형에는 한 변이 1cm인 정사각형이 가로로 100개, 세로로 100개가 필요하지.

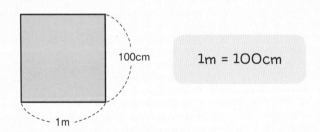

$1m^2$인 단위넓이 속에 $1cm^2$ 단위넓이는 $100 \times 100 = 10000$(번) 들어가므로, $10000cm^2 = 1m^2$야. 따라서 너희 집의 바닥 넓이를 구하기 위해서는 단위넓이 1제곱미터(m^2)를 이용해서 구해야겠다.

이외에도 넓이에 대한 단위들은 많아.

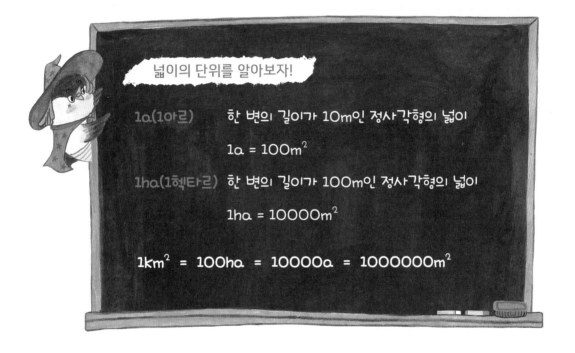

넓이의 단위를 알아보자!

1a(1아르)   한 변의 길이가 10m인 정사각형의 넓이

$1a = 100m^2$

1ha(1헥타르)   한 변의 길이가 100m인 정사각형의 넓이

$1ha = 10000m^2$

$1km^2 = 100ha = 10000a = 1000000m^2$

이제 직육면체의 겉넓이 구하는 방법을 알려 줄게.

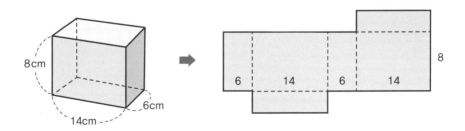

직육면체의 겉넓이는 (직육면체의 옆면의 넓이) + (밑면) × 2야. 정육면체는 각 면이 모두 합동인 정사각형이니까 겉넓이는 (한 면의 넓이) × 6이겠지.

자! 다양한 넓이의 단위와 정사각형, 그리고 직사각형의 넓이를 구해 봤어. 그런데 말이야. 나중에 네가 마음이 바뀌어서 집의 밑면을 다른 모양으로 하고 싶으면 어떻게 할래? 그럼 집 모형의 겉넓이를 구하기 위해 다른 다각형의 넓이도 구할 수 있어야겠지? 걱정 마! 네가 알고 있는 정사각형이나 직사각형의 넓이 구하는 방법을 이용해서 삼각형, 평행사변형, 사다리꼴, 마름모의 넓이도 구할 수 있어. 지금부터 알아볼까? 뻐억꾹~

평행사변형의 넓이

평행사변형에서 평행한 두 변을 밑변이라 하고, 두 밑변 사이의 거리를 높이라고 해.

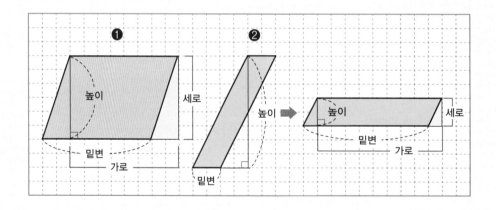

넓이를 구하는 전형적인 방법은 그림 ①의 방법이야. 평행사변형의 꼭짓점에서 밑변에 내린 수선을 따라 잘라서 반대편에 붙이면 직사각형을 만들 수 있어.

$$(평행사변형의\ 넓이) = (직사각형의\ 넓이)$$
$$= (가로) \times (세로)$$
$$= (밑변) \times (높이)$$

그림 ②는 그림 ①처럼 평형사변형의 꼭짓점과 밑변을 잇는 수선을 따라 잘라서 직사각형을 만들 수 없어. 그럼 어떻게 할까? 그래! 평행사변형을 돌려서 그림 ①처럼 구하거나, 다른 방법으로 잘라서 직사각형을 만드는 방법을 생각해야 해. 그렇게 하면 공식은 그림 ①과 같아.

뭐라고? 돌리면 안 된다고? 밑변은 아래에 있는 거라서?

땡! 땡! 아니야!

밑변이란, 밑에 있는 변이 아니라 기준이 되는 변을 말해. 도형을 돌리면 아래쪽에 있는 변이 위로 올라가잖아. 위치는 계속 변할 수 있는 거야. 그래서 평행사변형의 높이는 밑변을 정하고 그 밑변과 마주 보는 꼭짓점에서 밑변으로 내린 수선의 길이를 말해. 그러면 그림 ①처럼 구할 수 있으니까 공식은 같아.

삼각형의 넓이

삼각형에서 한 변을 밑변이라고 하면, 밑변과 마주 보는 꼭짓점에서 밑변

에 수직으로 그은 선분을 높이라고 해.

높이는 밑변이
결정되면 밑변 위에 있는
꼭짓점에서 밑변에 수직으로
그은 선분을 말해.

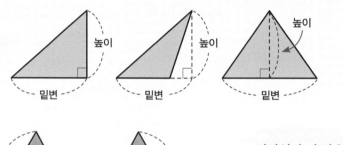

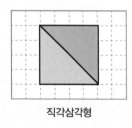 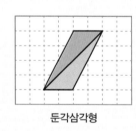 

삼각형의 세 변을
각각 밑변으로 생각할
수도 있어!

삼각형은 각에 따라 예각삼각형, 직각삼각형, 둔각삼각형으로 나뉘잖아.

이 중에 어떤 삼각형이라도 똑같은 삼각형 두 개를 붙이면 평행사변형이 돼.

직각삼각형   둔각삼각형   예각삼각형

(직각삼각형, 둔각삼각형, 예각삼각형의 넓이)

= (평행사변형의 넓이) ÷ 2

= (밑변) × (높이) ÷ 2

사다리꼴의 넓이

사다리꼴에서 평행한 두 변을 밑변이라 하고, 위치에 따라 윗변, 아랫변이라고 해. 그리고 두 밑변 사이의 거리를 높이라고 하지.

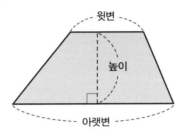

사다리꼴의 넓이도 네가 넓이를 구할 수 있는 평행사변형이나 삼각형의 넓이 구하는 방법을 이용해서 구할 수 있어!

평행사변형으로 사다리꼴 넓이 구하기

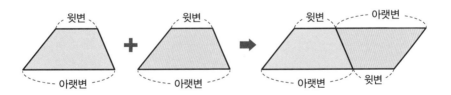

(사다리꼴의 넓이) = (평행사변형의 넓이) ÷ 2
= (밑변 × 높이) ÷ 2
= {(윗변 + 아랫변) × 높이} ÷ 2

삼각형 2개로 사다리꼴 넓이 구하기

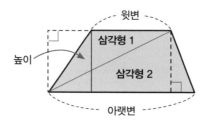

(사다리꼴의 넓이) = (삼각형 1) + (삼각형 2)

= (윗변 × 높이 ÷ 2) + (아랫변 × 높이 ÷ 2)

= (윗변 + 아랫변) × 높이 ÷ 2

마름모의 넓이

마름모의 넓이는 어떻게 구할까? 마름모의 경우도 네가 알고 있는 직사각형이나 삼각형의 넓이를 이용해서 구할 수 있어.

마름모를 모양과 크기가 같은 삼각형 2개 또는 4개로 나눠서 구할 수 있지.

직사각형으로 마름모 넓이 구하기

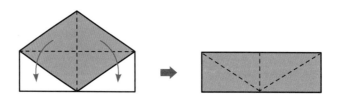

(마름모의 넓이) = (직사각형의 넓이)

= (가로) × (세로)

= (마름모의 한 대각선) × {(다른 대각선) ÷ 2}

삼각형으로 마름모 넓이 구하기

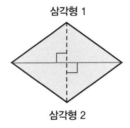

삼각형 1

삼각형 2

(마름모의 넓이) = (삼각형) × 2

= (밑변 × 높이 ÷ 2) × 2

= {(한 대각선) × (다른 대각선 ÷ 2) ÷ 2} × 2

= (한 대각선) × (다른 대각선) × $\dfrac{1}{2}$

평행사변형이나 마름모, 사다리꼴 등과 같이 선분으로만 둘러싸인 도형을 다각형이라고 해. 다각형은 삼각형, 사각형(평행사변형, 사다리꼴, 마름모, 직사각형, 정사각형 등) 외에도 오각형, 육각형 등과 같이 선분으로만 이뤄진 도형들을 말하지.

그림 ㉠, ㉡, ㉢, ㉣, ㉤, ㉥을 보면 밑면이 모두 다각형이야.

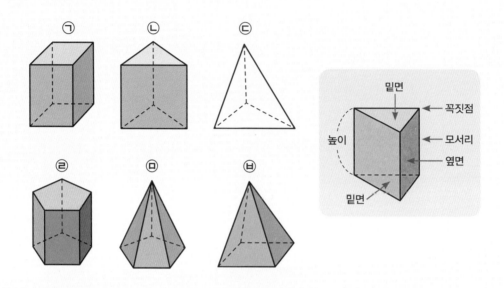

직육면체나 정육면체처럼 위아래에 있는 면들이 서로 평행하면서 모양과 크기가 같은 입체도형을 **각기둥**이라고 해. 여기서 각기둥을 찾아볼래?

그렇지! ㉠, ㉡, ㉣이 각기둥이야.

네가 미래에 짓게 될 집 모형의 밑면이 서로 평행하고 모양과 크기가 같으면 그 입체도형은 각기둥이야. 그리고 각기둥은 밑면의 모양에 따라 도형의 이름이 정해져. 뿌꾹~ 밑면이 삼각형이면 삼각기둥, 사각형이면 사각기둥, 오각형이면 오각기둥이라고 하지.

직육면체나 정육면체가 사각기둥이냐고?

맞아, 사각기둥이야!

각기둥은 평행한 두 면인 밑면과, 밑면에 수직인 옆면, 그리고 두 밑면 사

이의 거리인 높이로 구성되어 있어. 각기둥의 옆면은 항상 직사각형 또는

정사각형이야.

밑면이 다각형이 아니거나, 밑면이 하나거나,
두 밑면이 합동이 아닌 도형은 각기둥이 아니야.

 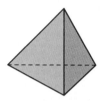

각기둥의 옆면의 수는 한 밑면의 변의 개수와 같아. 밑면은 2개고!

또 모서리나 꼭짓점의 수도 밑면의 변의 수와 관계가 있어.

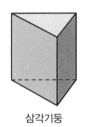 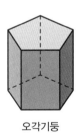 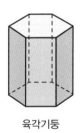

삼각기둥　　　사각기둥　　　오각기둥　　　육각기둥

(각기둥의 면의 수) = (밑면의 변의 수) + 2
(각기둥의 모서리의 수) = (밑면의 변의 수) × 3
(각기둥의 꼭짓점의 수) = (밑면의 변의 수) × 2

자, 이번엔 곤이 작업실을 한번 볼까. 네가 생각하는 작업실의 모형은 피라미드처럼 생겼다고 했지?

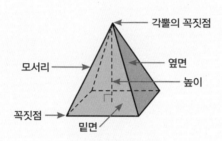

그림 ㉠, ㉡, ㉢, ㉣, ㉤, ㉥ 중에서 ㉢, ㉤, ㉥과 같이 밑면은 다각형이고, 옆면이 삼각형인 뿔 모양의 입체도형을 **각뿔**이라고 하는 거야. 각뿔의 밑면은 1개고, 옆면은 모두 삼각형이야.

네 작업실은 ㉥과 같이 생겼어. 각뿔도 밑면의 모양에 따라 이름을 붙여. 따라서 곤이의 피라미드 모양 작업실은 **사각뿔**이야.

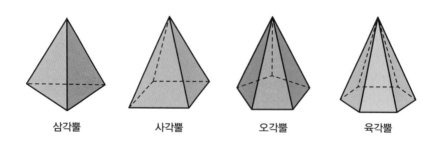

| 삼각뿔 | 사각뿔 | 오각뿔 | 육각뿔 |

(각뿔의 면의 수) = (밑면의 변의 수) + 1
(각뿔의 모서리의 수) = (밑면의 변의 수) × 2
(각뿔의 꼭짓점의 수) = (밑면의 변의 수) + 1

내가 생각한 작업실은 이집트 피라미드처럼
밑면이 사각형이고, 옆면이 삼각형인 사각뿔 모양이야.

사각뿔의 겨냥도와 전개도를 그려 볼까.

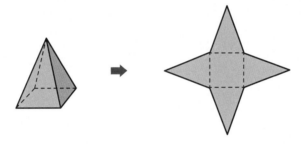

각뿔의 모서리를 잘라서 펼쳐 놓은 그림을 각뿔의 전개도라고 한다는 것, 알지?

삼각뿔의 전개도도 같은 요령으로 그리면 돼. 그리고 전개도의 점선을 따라 접으면 삼각뿔이 되는 거고! 오늘은 여기까지 뻐억꾹~!

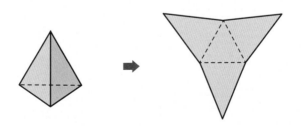

입체도형의 넓이를 구해 봐!

모양과 크기가 같아서 포개었을 때,
완전하게 겹쳐지는 도형을 뭐라고 한다고 했지?

합동이지.

그럼 합동인 정사각형 6개로 만들어진 입체도형을 알아?

정육면체잖아.

그렇지! 그러면 정육면체의 전개도인지
직육면체의 전개도인지는 어떻게 구분할까?

정육면체는 정사각형 6개가 면으로 되어 있고,
직육면체는 직사각형 또는 정사각형으로 된 면이 6개잖아.
그리고 전개도는 서로 만나는 선분의 길이가 같고,
마주 보는 면은 떨어져 있으면서 합동이어야 해.

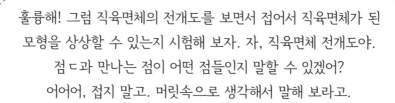

훌륭해! 그럼 직육면체의 전개도를 보면서 접어서 직육면체가 된
모형을 상상할 수 있는지 시험해 보자. 자, 직육면체 전개도야.
점 ㄷ과 만나는 점이 어떤 점들인지 말할 수 있겠어?
어어어, 접지 말고. 머릿속으로 생각해서 말해 보라고.

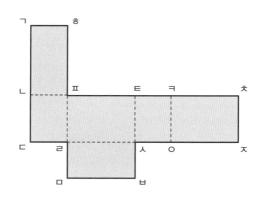

접어 보지 말고, 생각해 보라는 거지. 음……
먼저 점 ㄷ이 있는 선분을 찾아야 해.
점 ㄷ이 있는 선분들은 선분 ㄴ ㄷ과 선분 ㄷ ㄹ이야

그렇게 점 ㄷ이 있는 선분을 찾은 다음에는 점 ㄷ이 있는
선분과 겹쳐지는 선분을 찾으면 돼. 찾아봐.

선분 ㄴ ㄷ과 겹쳐지는 선분은 선분 ㅅ ㅊ이고,
선분 ㄷ ㄹ과 겹쳐지는 선분은 선분 ㄹ ㅁ이야

그렇지, 잘한다! 이제 마지막으로 그 선분들 중에서
점 ㄷ과 만나는 점을 찾으면 돼. 어떤 점일까?

점 ㄷ과 만나는 점은 선분 ㅈㅊ의 점 ㅈ이고,
선분 ㄹㅁ의 점 ㅁ이야.

맞았어. 그러면 넓이에 대해 알아볼까.
$1m^2$ 단위넓이 속에 $1cm^2$ 단위넓이가 몇 번 들어가지?

1m = 100cm니까 $100 \times 100 = 10000$번 들어가.

맞아. 그러면 삼각형의 모양이 달라도 그 넓이가 같을 수 있을까?

그럼 같을 수 있지. 삼각형의 넓이는 밑변 × 높이 × $\frac{1}{2}$이니까,
밑변과 높이가 같으면 넓이가 같아.

그렇지. 여기서 삼각형의 높이를 살펴볼까. 삼각형의 높이는 삼각형의 종류에 따라 도형의 내부에, 또는 외부에 있기도 해.

맞아. 높이란, 밑변과 마주 보는 꼭짓점에서 밑변에 내린 수선의 길이야. 그러니까 어느 변을 밑변으로 하느냐에 따라 둔각삼각형은 높이가 삼각형의 외부에 있을 수 있어. 직각삼각형은 세 변 중 하나가 높이와 같고.

곤이, 도형 박사가 다 되었네. 뿌악국! 도형에 대한 개념이나 넓이를 구하는 것에 익숙해지려면 직접 그려 봐야 해. 그래야 공식을 외우지 않아도 관련된 새로운 문제를 풀 수 있으니까. 또 처음 보는 다각형도 얼마든지 넓이를 구할 수 있지. 어떻게 구할 수 있을까?

식은 죽 먹기지. 넓이를 구할 수 있는 삼각형이나 직사각형, 평행사변형으로 나눠서 각각 그 넓이를 구한 다음 더하거나 빼면 돼. 야호~

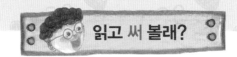

읽고 써 볼래?

허클베리 핀의 모험

짐은 자기를 뉴올리언스 노예 시장에 팔아넘긴다는 주인의 말을 엿듣고 도망쳐 나왔다가 우연히 허클베리 핀을 만났다. 핀은 짐의 사정을 듣고 함께 뗏목을 타고 도망가기로 했다. 뗏목을 보니 한 부분이 썩어서 일부분을 잘라 내야 했다. 핀은 썩은 부분을 잘라도 자신과 짐이 타기에 충분한지 걱정되었다. 핀의 머리에 문득 아빠에게서 들은 얘기가 떠올랐다. 두 사람이 탈 수 있는 뗏목은 넓이가 $11000cm^2$ 이상 되어야 한다는 얘기였다. 물론 늘 술에 취해 있는 아빠의 말을 믿을 수는 없지만 그래도 신경이 쓰였다. 결국 핀은 학교에서 배운 수학 지식을 이용해 확인해 보기로 했다. 그리고 얼마 뒤, 핀은 아빠를 믿어 보기로 하고 짐과 함께 뗏목에 올랐다. 과연 뗏목의 넓이는 얼마일까?

썩은 부분을 잘라 낸 뗏목의 모양은 빗금 다각형의 모양과 같다. 따라서 빗금 친 부분의 넓이(면적)를 구하면 된다. 빗금 친 다각형의 면적을 구하기 위해서는 전체 넓이에서 잘라 낸 삼각형의 넓이를 빼면 된다.

먼저 뗏목 전체 넓이인 $\boxed{\text{사다리꼴}}$ 의 넓이를 구한다.

$$(\boxed{180} + \boxed{160}) \times \boxed{90} \div 2 = \boxed{15300} \text{ cm}^2$$

그다음 잘라 낸 $\boxed{\text{삼각형}}$ 의 넓이를 구한다.

$$\boxed{180} \times \boxed{40} \div 2 = \boxed{3600} \text{ cm}^2$$

썩은 부분을 잘라 낸 다각형 모양의 뗏목 넓이는 다음과 같다.

$$\boxed{15300} - \boxed{3600} = \boxed{11700} \text{ cm}^2$$

따라서 핀의 아빠 말이 맞다면 짐과 핀은 그 뗏목을 탈 수 $\boxed{\text{있다}}$.

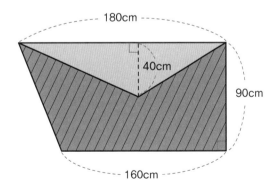

어느 날 핀과 짐은 난파선에 올랐다. 핀은 배 바닥에 떨어진 상자를 주워서 주변에 흩어진 약과 붕대 등을 넣었다. 그런데 상자에 금이 가고 구멍이 나 있었다. 이대로라면 상자 안에 넣은 것들이 모두 빠져 버릴 것 같았다.

"어제 넓이가 1200cm²인 종이가 있었는데, 가로 13cm, 세로 12cm, 높이 6cm인 직육면체 상자를 포장했어. 그리고 남은 종이를 바지 주머니에 넣어 두었거든. 지금 그 종이가 있는데, 이 상자를 빈틈없이 붙일 수 있을까? 그럼 속에 든 물건이 빠지지도 않고 좋을 것 같은데. 상자를 자세히 보니까 어제 포장한 상자와 크기가 같은 것 같아."

핀이 어제 쓰고 남은 종이로 배에서 주운 상자를 포장할 수 있을까?

핀이 어제 쓰고 남은 종이가 얼마인지를 먼저 구해야 한다. 어제 가지고 있던 종이의 처음 넓이가 $\boxed{1200}$ cm²였는데, 그 종이로 가로 $\boxed{13}$ cm, 세로 $\boxed{12}$ cm, 높이 $\boxed{6}$ cm인 직육면체 상자를 포장하고 종이가 남았다. 그 남은 종이로 배에서 주운 상자의 속이 안 보이도록 포장하려면 남은 종이의 넓이가 이 상자의 겉넓이와 같거나 겉넓이보다 큰지를 계산해야 한다.

가로 $\boxed{13}$ cm, 세로 $\boxed{12}$ cm, 높이 $\boxed{6}$ cm인 직육면체 상자의 겉넓이는 밑넓이 × $\boxed{2}$ + $\boxed{옆넓이}$ 이다.

$$(\boxed{13} \times \boxed{12}) \times 2 + (\boxed{13} + \boxed{12}) \times 2 \times \boxed{6}$$
$$= \boxed{312} + \boxed{300} = \boxed{612}\ \text{cm}^2$$

어제 쓰고 남은 종이의 면적은 1200 − $\boxed{612}$ = $\boxed{588}$ cm²이다.
그러므로 남은 종이로 어제 싼 직육면체와 겉넓이가 $\boxed{612}$ cm²로 똑같은 크기의 속이 보이는 상자를 빈틈없이 붙일 수 없다.

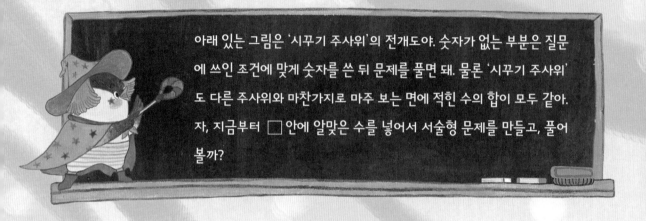

같은 문제 다른 생각

아래 있는 그림은 '시꾸기 주사위'의 전개도야. 숫자가 없는 부분은 질문에 쓰인 조건에 맞게 숫자를 쓴 뒤 문제를 풀면 돼. 물론 '시꾸기 주사위'도 다른 주사위와 마찬가지로 마주 보는 면에 적힌 수의 합이 모두 같아. 자, 지금부터 □ 안에 알맞은 수를 넣어서 서술형 문제를 만들고, 풀어 볼까?

'시꾸기 주사위'는 일반 주사위와 다르게 마주 보는 면의 눈(수)의 합이 '7'이 아니라 □야. 다음 제시된 전개도를 접어서 만든 '시꾸기 주사위'와 같은 모양이 만들어지는 다른 전개도를 4가지 그려 봐.

단, 전개도를 회전하기, 돌리기, 뒤집기를 했을 때 같은 모양이면 같은 전개도라고 보는 거야.

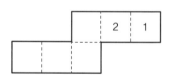

이렇게 생각하면 어때?

전개도를 접으면 주사위 모양이 돼. 일반 주사위는 마주 보는 눈(수)의 합이 항상 7이잖아. 그런데 '시꾸기 주사위'는 마주 보는 수의 합이 7이 아닌 다른 수로 정하라는 말이야. 너희가 맘대로 선택하는 거지. 그렇게 너희들이 만든 주사위를 '시꾸기 주사위'라고 해! 그리고 시꾸기가 그려 준 주사위 전개도 말고, 다른 모양의 전개도를 4가지 만들어 봐. 우선 문제를 완성하기 위해서는 주사위의 마주 보는 수의 합인 □를 결정하고, 그 합이 되도록 각 면에 알맞은 숫자를 적으면 돼. 다양한 정육면체의 전개도는 앞에서 배웠지? 한번 떠올려 봐. 그리고 멋지게 문제를 풀어 보자고!

시꾸기의 똑똑 정리

도형에 대해 정리해 보자.

각기둥은 밑면이 2개고 옆면이 사각형이고, 각뿔은 밑면이 1개, 옆면은 삼각형이야. 각기둥과 각뿔의 공통점은 밑면의 모양이 어떤 다각형(평행사변형, 마름모, 사다리꼴 등과 같이 선분으로만 둘러싸인 도형)인지에 따라 삼각기둥, 사각기둥이나 삼각뿔, 오각뿔이라고 이름을 붙인다는 짐이야.

우리는 형태나 모양을 이야기할 때, 그 크기에 대해서도 말하잖아. 크기는 어떻게 설명할까? 비교를 통해서도 하지만 면의 크기나 부피로도 설명하지? 삼각형이나 사각형의 각 변의 크기는 길이고, 면의 크기는 넓이라고 해. 한 변의 길이가 1cm인 정사각형의 둘레는 정사각형의 각 변 길이의 합인 4cm이고, 그 면의 크기인 넓이는 $1cm^2$라 쓰고 1제곱센티미터라고 읽어. 모든 삼각형이나 사각형의 둘레는 그 도형의 변 길이의 합이고, 넓이는 $1cm^2$인 정사각형의 넓이를 이용해서 구할 수 있어.

먼저 직사각형이나 정사각형의 넓이를 구할 때, 그 도형의 면을 덮기 위해서 한 변의 길이가 1cm인 정사각형이 몇 개 필요한지를 구하면 돼. 직사각형의 넓이는 한 변의 길이가 1cm인 정사각형이 그 직사각형에 몇 개 들어가는지를 알면 넓이를 구할 수 있어. 정사각형의 개수는 (가로의 길이) × (세로의 길이)와 같아.

평행사변형의 넓이는 평행사변형을 잘라서 직사각형을 만든 다음 직사각형의 넓이를 이용해서 구할 수 있어. 또 어떤 삼각형이든 똑같은 삼각형을 2개 붙이면 평행사변형을 만들 수 있어. 그러니까 삼각형 2개를 붙여 평행사변형을 만들 수 있다는 점을 이용해서 삼각형의 넓이를 구하면 돼.

사다리꼴의 넓이는 사다리꼴 2개를 붙이면 평행사변형이 된다는 점을 이용하면 돼. 사다리꼴의 넓이는 2개의 사다리꼴로 만든 평행사변형 넓이의 $\frac{1}{2}$ 이잖아.

마름모의 넓이는 마름모를 2등분해서 삼각형을 만든 다음, 삼각형 넓이의 2배를 구하면 돼. 아니면 직사각형이나 정사각형의 $\frac{1}{2}$ 이 된다는 점을 이용해서 구할 수 있어.

4장
신기한 비와 비율

5학년 2학기   ■ 비와 비율
6학년 1학기   ■ 비와 비율
             ■ 소수의 나눗셈
             ■ 원의 넓이
             ■ 직육면체의 겉넓이와 부피(부피)

6학년 2학기   ■ 분수와 소수의 혼합 계산
             ■ 쌓기 나무
             ■ 원기둥, 원뿔, 구

모든 원이 다 그래?

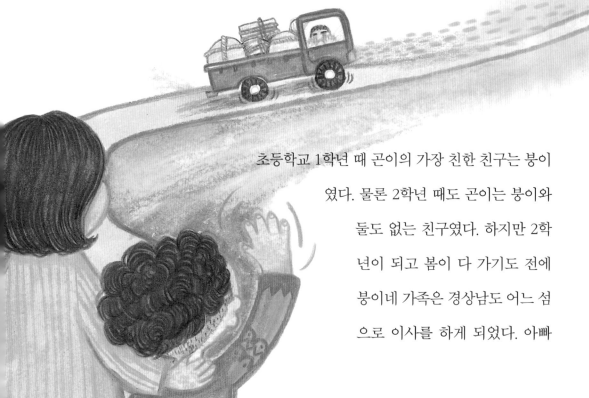

초등학교 1학년 때 곤이의 가장 친한 친구는 붕이
였다. 물론 2학년 때도 곤이는 붕이와
둘도 없는 친구였다. 하지만 2학
년이 되고 봄이 다 가기도 전에
붕이네 가족은 경상남도 어느 섬
으로 이사를 하게 되었다. 아빠

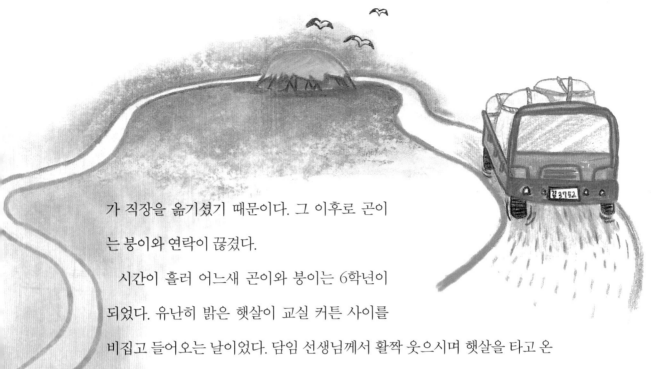

가 직장을 옮기셨기 때문이다. 그 이후로 곤이
는 붕이와 연락이 끊겼다.

시간이 흘러 어느새 곤이와 붕이는 6학년이
되었다. 유난히 밝은 햇살이 교실 커튼 사이를
비집고 들어오는 날이었다. 담임 선생님께서 활짝 웃으시며 햇살을 타고 온
전학생을 소개해 주셨다.

"오늘 경상남도 완도에서 온 친구가 있어요. 예전에 우리 학교를 다녔다
고 하네요. 아마 기억하는 친구도 있을 것 같은데."

얼굴은 까무잡잡하고 큰 눈에 키가 큰 친구였다.

"안녕. 내 이름은 정붕이라고 해. 뽕이도 아니고, 뿡이도 아니야. 내 이름
은 붕이야!"

"호호…… 하하…… 히히…… 호호!"

곤이 반 친구들은 모두 웃으면서 박수를 쳤다. 박수 소리 가운데 그 누구
보다도 빠른 박자로 손바닥이 부서져라 치는 소리가 있었다. 바로 곤이었
다. 붕이를 알아본 곤이의 기쁨과 환영의 박수였다. 붕이도 유독 큰 박수 소
리가 나는 곳을 쳐다보았다. 그러고는 곤이를 알아보고 미소를 지었다.

"붕아, 저기 곤이 뒤에 자리가 비어 있다. 그리로 가서 앉아라. 매달 첫 번

째 월요일에 자리를 바꾸니까 그때 다시 정하는 것으로 하자."

곤이는 붕이에게 손을 흔들어 보였다. 붕이가 자리에 와서 앉자 곤이가 뒤돌아보며 목소리를 낮춰 말했다.

"반가워. 너, 내가 아는 붕이 맞지. 야, 정말 오랜만이다!"

"박곤, 내 친구 곤이가 맞구나! 진짜 반갑다!"

곤이는 붕이의 등장으로 하루 종일 들떠 있었다. 쉬는 시간마다 뒤돌아 앉아서 오래전 기억을 끄집어내 늘어놓았다. 곤이는 그토록 작던 붕이가, 운동을 싫어하고 책만 읽던 붕이가 자신보다 엄청나게 컸다는 사실이 믿기지 않았다. 붕이는 축구도 아주 잘했고 친구들과도 서슴없이 대화를 시도하

는 적극적인 친구로 변해 있었다.

"어쩌면 너만 그렇게 클 수 있냐. 비겁한 녀석, 큭큭."

"내가 좀 작았지. 처음에 그곳으로 이사를 갔을 때는 낯설기만 하고 편하지 않았어. 그런데 그곳 친구들이 따뜻하게 대해 줘서 금방 적응했지. 내가 이렇게 큰 이유는…… 매일 학교 끝나고 친구들과 축구를 했고, 바다도 자주 갔어. 친구들이 날 계속 움직이게 했다니까. 하하하! 정말 바다와 운동장을 가리지 않고 뛰고 놀고 했어. 그러다 보니 아무거나 잘 먹게 되고 잠도 잘 잤어. 4학년인가 5학년인가? 잘 기억이 안 나는데, 그때 15cm가 한꺼번에 컸어."

"와! 난…… 나도 밥 잘 먹는데. 왜 너처럼 안 컸을까?"

마지막 수업 시간은 곤이네 학급과 다른 두 학급이 합반해서 빵과 밀크 잼을 만들기로 되어 있었다.

"곤아, 같이 하자!"

"그래. 우리 같이 3조 하자."

세 학급이 실습실에 모였다. 모두 18조로 나눠서 요리하기로 했다. 3조의 구성원은 곤이와 루미, 그리고 다른 학급 친구 2명까지 모두 4명이었다. 거기에 붕이가 합류하면서 3조는 5명이 되었다. 그런데 오늘따라 루미가 말이 없었다. 모두들 붕이에게 관심을 보이자 루미는 시샘이 일었다.

"난 루미야. 두루미가 아니라 박루미."

루미는 곤이를 째려보면서 말했다.

"루미는 얼굴이 진짜 하얗구나. 난 까만데. 반가워, 난 붕이야. 하하! 아까 소개했었지?"

곤이네 담임 선생님이 목을 길게 빼고 두리번거리시더니 곤이와 붕이, 그리고 키가 큰 정이를 부르셨다.

"정이야, 정이야! 아까 선생님이 잼 담을 병의 지름을 재어 오라고 했는데. 얼마였어?"

"아까 줄자로 쟀어요. 병 둘레가 17.5cm였어요."

"뭐, 둘레? 샘 통의 지름을 재어 오라고 했는데? 이 상자에 잼 병이 얼마나 들어가는지를 알아보려고 했거든."

뒤에 서 있던 붕이가 손을 들었다.

"선생님!"

"붕이, 왜?"

"병이 원기둥 모양이니까…… 원의 둘레를…… 그러니까 원주를 알고 있으니까 원의 지름을 구할 수 있잖아요. (원주) ÷ (원주율) = (지름)이고…… 원주율이 3.14니까 어림해서 3이라고 하면…… 17.5 ÷ 3을 하면 지름을 구할 수 있어요. 17.5를 자연수 18로 바꿔서 그 몫을 어림하면 약 6이에요. 병의 지름이요."

정이는 붕이를 보며 미소를 지었다. 붕이는 쑥스러워하며 고개를 숙였다.

"호호호. 붕이가 정말 슬기롭구나. 자, 그럼 이 상자의 가로와 세로가 30cm 정도니까 가로와 세로에 5병씩 넣으면 되고, 한 상자당 25병씩 들어

가겠구나. 그럼 상자가 몇 개 필요하지? 학생들이 80명이니까 4개면 되겠네. 곤이와 붕이가 교무실에 있는 빈 병들을 가져올래? 여기 이 상자를 4개 가지고 가면 되겠다."

"네!"

"그리고 정이는 여기 우유와 설탕의 양을 각 조별로 5 : 1로 나눠 줘라."

"무게가 5 : 1인가요?"

"아니, 부피로 하면 돼. 여기 사각기둥과 원기둥 모양의 컵이 두 개 있지? 모양은 다르지만 부피가 같단다. 원기둥 컵으로는 설탕의 양, 사각기둥 컵으로는 우유의 양을 측정해. 정이는 각 조에 각각의 컵으로 우유 5컵, 설탕 1컵씩 나눠 주면 되겠다. 아 참! 조원이 5명 이상인 조에게는 우유는 10컵, 설탕은 2컵을 주면 돼.”

곤이는 붕이의 수학 실력과 지혜로움에 박수를 쳤다. 하지만 한편으로는 붕이의 수학적 지식이나 선생님께서 정이에게 하시는 말씀이 전혀 이해되지 않아서 속상하고 한숨이 나왔다.

“휴, 내 키는 왜 이렇게 작은 거야. 원주? 원주를 알면 지름을 구할 수 있다고? 게다가 소수의 나눗셈을 어떻게 저렇게 빨리 하는 거지. 원기둥과 사각 기둥이 같은 부피의 컵이라니…….”

곤이는 더 이상 생각하지 않으려고 도리질을 하면서 붕이와 교무실로 갔다. 상자에 빈 병을 담아서 실습실로 돌아오면서 곤이가 붕이에게 물었다.

“붕아, 비교한다는 것은 뭘까?”

“뭐?”

“비교 말이야.”

“비교? 비교라……. 내가 완도에서 말이야, 친구들이랑 바다를 보면서 어느 쪽 바다가 색이 더 진할까 하고 물어본 적이 있어. 그랬더니 친구 녀석이 어떤 색을 진한 색이라고 생각하느냐고 묻더라고. ‘색이 진하다’는 말을 그 친구는 파란색의 진하기로 생각하지 않았던 거야. 난 바다를 보면서 말하니까 당연히 파랑이라고 생각했는데.”

곤이는 붕이의 말을 이해하지 못했다.

"그러니까 내가 생각하는 것을 다른 친구들도 똑같이 생각할 거라고 당연하게 생각해서는 안 돼. 난 루미가 예쁘다고 생각하는데 너도 그래?"

"뭔 소리야! 걔가 뭐가 예쁘냐? 맨날 소리만 지르고."

"푸하하! 우리 반에서 루미가 제일 예뻐 보이는데?"

"눈이 어떻게 된 거 아니냐?"

"그러니까 각각 생각이 다 다르다고. 기준이 명확한 경우를 제외하고는 말이야."

"기준?"

"그래. 두 수가 같다 또는 이 수가 저 수보다 크다, 작다와 같은 비교를 할 때는 두 수 중에서 하나의 수가 기준이 되잖아. 기준이 되는 수와 비교해서 크다, 작다, 또는 같다를 판단하고. 아니면 기준이 되는 수의 몇 배, 몇 대 몇, 이런 식으로 기준을 정하고 비교하는 수에 대하여 설명하잖아. 이렇게 기준을 바탕으로 하는 비교는 누가 하든 똑같아. 자, 이제 이해되었느냐, 곤?"

"아…… 그러니까 너는 공부를 더 잘한다거나 더 잘생기고 운동을 더 잘하고 뭐 이런 비교는 안 한다는 거냐?"

"그래."

"그럼 그렇게 말하지 뭘 그렇게 어렵게 말하냐. 바다에서 온 철학자냐? 푸하하!"

곤이와 붕이는 마주 보고 웃으면서 실습실로 돌아왔다.

비와 비율,
원, 원기둥과 원뿔, 구

오늘 하루 곤이는 느낀 점이 참 많았다. 붕이를 보면서 자신이 문제를 해결하기 위해 필요한 수학적 지식을 찾고 적용하는 능력이 부족하단 것을 깨달았다. 또 자신의 꿈과 거리가 멀다고 수학 공부를 게을리한 걸 후회했다.

"수업 시간에만 듣고 스스로 생각을 하지 않으니 무엇을 배웠는지도 모르지. 하지만……."

곤이는 고개를 푹 숙였다. 곤이의 늘어진 앞머리가 덜렁이의 코를 자극했다. 덜렁이가 킁킁거리더니 곤이의 앞머리를 잘근잘근 씹었다.

"아얏! 하지 마!"

곤이가 덜렁이 꼬리를 잡으려는 순간, 시계 속 뻐꾸기가 12시를 알리기 시작했다. 곤이는 덜렁이 꼬리는 잊은 채 시계 앞으로 다가갔다.

"수학을 알려 줘. 이젠 수학에 자신 있다고 생각했는데 아직도 많이 부족

한가 봐."

시꾸기가 천천히 시계 문을 열었다.

"그런 힘 빠지는 소리로 나를 부르다니."

시꾸기는 고개를 저으면서 곤이를 쳐다보았다.

"힘이 빠지는 정도가 아냐. 이제 수학 문제를 잘 풀 수 있다고 생각했는데 아직도 모르는 게 산더미야. 내가 한심해서 그래. 동화 작가에게는 무엇보다 많은 경험과 지식이 필요하다는 걸 생각하지 못했어. 더 많이 상상하고 더 많이 볼 수 있기 위해서 수학 공부도 열심히 해야 했는데⋯⋯."

"자! 그럼 필요한 것이 생겼으니 매일매일 하면 되겠네. 뻐억~ 켁켁~ 꾹~

덜렁이 털 좀 깎아 줄래? 방 안이 털투성이잖아. 뻥꾹~ 그럼 어디부터 시작할까?"

"음, 원주가 뭐야? 그리고 내 친구 붕이는 소수 계산을 무지하게 빠르게 하더라고. 그냥 하는 것이 아니라 17.5를 18로 바꿔서 말이야. 휴~"

곤이는 천천히 도리질을 했다.

시꾸기는 시계 속에서 색종이와 칠판, 그리고 빈 통 몇 개 등 이것저것을 들고 나왔다. 그러더니 시계 문을 이리저리 살펴보았다. 그리고 날개로 문의 가로 길이를 새었다.

"난 파란 원이 참 좋아. 뻐~꾹~! 곤아, 부탁 하나 들어주라. 파란 색종이를 원 모양으로 오려서 내 시계 문의 가로에 일정한 간격으로 붙여 줘. 아주 작게 파란 점처럼 말이야."

"뜬금없이 시계 문을 왜 꾸미려고 해?"

"내가 너에게 수학을 가르쳐 주는데 그 정도 정성은 보여 줘야지. 안 그래? 뿌욱꾹~"

"알았어. 시계 문의 가로 길이가 몇 센티미터인데?"

"17.5cm야. 3.14cm 간격으로 작은 원 모양 색종이를 붙여 줘."

"너무 어려워. 17.5 ÷ 3.14를 해야 하잖아. 아아앙!"

"어렵지 않을 거야. 뿌억국~ 앞으로는."

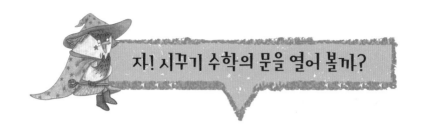

17.5 ÷ 3.14를 계산하기 전에 색종이가 몇 개 정도 필요한지 어림해 봐.

17.5 ÷ 3.14의 몫을 어림하려면 17.5를 자연수 18로 바꾸고, 나누는 수인 3.14도 자연수 3으로 바꿔서 계산 결과를 어림하면 돼. 18 ÷ 3 = 6이야.

어떻게 소수를 자연수로 어림하냐고?

소수를 자연수로 나타내기 위해서 17.5와 3.14를 각각 소수 첫째 자리에서 반올림을 하는 거지. 그래서 17.5는 18로, 3.14는 3으로 계산한 거야. 반올림이란, 반올림하려는 자리의 수가 0, 1, 2, 3, 4면 버리고 5, 6, 7, 8, 9면 올리는 방법을 말해.

18 ÷ 3을 17.5 ÷ 3.14로 계산하면 그 몫은 5.57324840…이야.

이렇게 나눗셈의 몫이 나누어떨어지지 않거나 너무 복잡할 때는 몫을 반올림해서 나타낼 수 있어. 몫인 5.57324840…을 소수 첫째 자리까지 나타내려면 소수 둘째 자리에서 반올림을 하면 돼. 둘째 자리 숫자가 7이니까 반올림하면 소수 첫째 자리 숫자는 6이 되지. 아까 어림한 6은 몫인 5.57324840…의 어림수니까 올바르게 어림한 거야. 그렇게 정확한 계산 결과는 아니지만 그 몫이 얼마 정도라는 것을 어림할 수 있다는 말씀.

이렇게 몫을 반올림해서 소수 첫째 자리(둘째 자리)까지 나타내려면 소수 둘째 자리(셋째 자리)에서 반올림하면 돼.

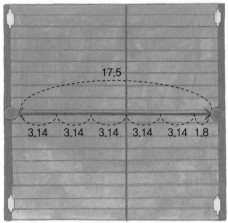

17.5

3.14   3.14   3.14   3.14   3.14 1.8

그리고 문의 맨 앞쪽에도 색종이를 붙여 줘. 그럼 6 + 1 = 7(개)가 필요해. 색종이를 7개 오려 줄래? 색종이가 원 모양이니까 그리려면 컴퍼스를 이용해야 해. 그리는 방법도 알려 줄게.

한 점을 정해서 그 점을 원의 중심으로 하고, 컴퍼스의 뾰족한 침을 원의 중심에 대고 원을 그려. 학교에서 붕이가 '17.5 ÷ 3.14'를 계산했었지? 원의 지름을 구하기 위해서 원의 둘레인 원주를 원주율로 나눠서 구했었잖아.

원주란, 원의 둘레를 말해. 곤아, 반지름을 얼마로 해서 색종이를 오릴 거야? 반지름만 알면 원 모양 색종이의 둘레를 구할 수 있어. 어떤 원이든 지름에 대한 원주의 길이 비율이 일정하거든. 바로 그 비율이 원주율이고, 이 원주율을 이용해서 지름이나 반지름을 알면 원주를 구할 수 있다고. 뿌악국~

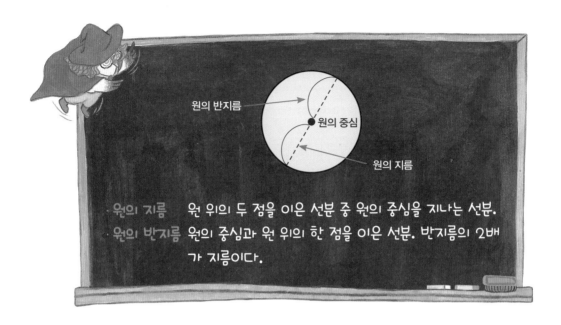

원의 반지름
원의 중심
원의 지름

- 원의 지름   원 위의 두 점을 이은 선분 중 원의 중심을 지나는 선분.
- 원의 반지름 원의 중심과 원 위의 한 점을 이은 선분. 반지름의 2배
  가 지름이다.

여기 세 가지 원들이 있어. 이 원의 둘레를 각각 재어 볼까.

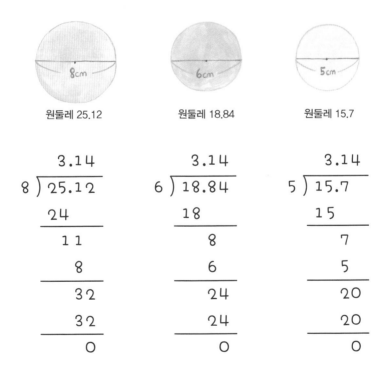

원둘레 25.12   원둘레 18.84   원둘레 15.7

```
      3.14              3.14              3.14
  8 ) 25.12         6 ) 18.84         5 ) 15.7
      24                18                15
      11                 8                 7
       8                 6                 5
      32                24                20
      32                24                20
       0                 0                 0
```

큰 원부터 차례로 둘레를 재어 보면 25.12cm 18.84cm, 15.7cm이고, 지름은 8cm, 6cm, 5cm야. 각 원들의 원주를 지름으로 나눠 보면 그 값은 일정하다고. 얼마냐고? 원주율은 3.14야!

물론 그 몫인 원주율은 실제 계산 결과는 아니야. 원의 둘레나 지름도 실제 값이 아니라 어림한 측정값이니까. 원주를 지름으로 나누면 몫은 3.1415926535897932…야. 이렇게 복잡한 수를 어림한 결과가 3.14지.

하지만 중요한 것은 원의 크기와 관계없이 지름에 대한 원주의 비가 일정하나는 거야. 그래서 그 비율을 원주율이라고 해. 그리고 계산에서는 원주율을 3.14로 사용하지. 원주율을 이용해서 원의 지름을 알면 원주도 구할 수 있어.

$$(원주율) = (원주) \div (지름)$$
$$(원주) = (원주율) \times (지름)$$

네 친구 붕이가 바로 이 식을 이용한 거야. 원주를 알면 원주율을 이용하여 원의 지름을 구할 수 있다는 것 말이야. 원주율 $\left[\dfrac{(원주)}{(지름)}\right]$ 이 일정하니까 원주가 2, 3, 4배,…가 될 때 지름도 2, 3, 4배,…가 된다는 걸 기억해.

원주율이 비율이냐고? 맞아, 원주율은 비율이야.

비율이 뭔지 궁금하지? 그럼 지금부터는 비율에 대해 알아볼까.

두 수를 비교해 보자. 4와 7을 비교한다면 어떻게 할 수 있을까?

7은 4보다 크다. 또는 4는 7보다 작다.

4는 7을 기준으로 비교하면 '4는 7의 몇 배이다'라고 하겠지? 아니면 7을 4를 기준으로 비교하면, '7은 4의 몇 배이다'라고 비교할 테고.

이렇게 두 수를 비교하여 나타내는 방법이 '비'라는 거야.

오늘 곤이가 요리 실습 시간에 만든 밀크 잼의 재료인 우유와 설탕이 있어. 밀크 잼을 살짝 구운 식빵에 바르면 진짜 맛있지? 그렇게 맛있는 밀크 잼을 만들 수 있는 비법은 우유 양과 설탕 양의 비를 유지하는 거야.

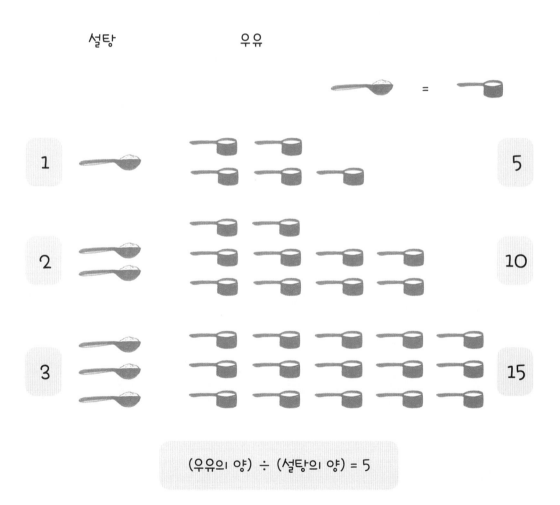

(우유의 양) ÷ (설탕의 양) = 5

우유 양은 설탕 양의 5배이고, 설탕 양은 우유 양의 $\frac{1}{5}$이 되어야 해.

두 수를 나눗셈으로 비교할 때 기호 ' : '를 사용해.

설탕과 우유의 양을 나타내는 두 수 1과 5를 비교할 때는 1 : 5라 쓰고 1 대 5라고 읽어. 1 : 5는 1이 5를 기준으로 몇 배인지를 나타내는 비야.

1 : 5는 5에 대한 1의 비, 1의 5에 대한 비, 1과 5의 비라고도 읽어. 설탕과 우유의 비가 1 : 5란 것은 우유 5를 기준으로 할 때 설탕은 1이 된다는 말씀. 그래서 비 1 : 5에서 기호 ' : '의 왼쪽에 있는 1은 비교하는 양이고, 오른쪽에 있는 5는 기준량이 돼. 이런 비는 분수나 소수로 나타낼 수 있어. 비교하는 양을 기준량으로 나눈 값을 비율 또는 비의 값이라고 해.

따라서 1 : 5와 5 : 1은 완전히 다른 비를 나타낸다는 것을 알 수 있겠지? 1 : 5 = $\frac{1}{5}$이고, 5 : 1 = $\frac{5}{1}$ = 5니까 말이야.

$$(비율) = (비교하는\ 양) \div (기준량) = \frac{(비교하는\ 양)}{(기준량)}$$

소수   분수

비 1 : 5를 비율로 나타내면 $\frac{1}{5}$ 또는 0.2야. 이와 같이 비율은 분수나 소수로 나타낼 수 있어. 아차! 비율을 나타내는 방법이 또 있다. 기준량을 100으로 보는 방법이야. 비율에 100을 곱한 값으로 나타내는데 이를 '백분율'이라고 해. 백분율은 기호 %를 사용하여 나타내지. 비율 $\frac{64}{100}$ 또는 0.64를 백분율로 64%라 쓰고, 64퍼센트라고 읽어.

이런 백분율을 소수나 분수로 나타낼 때는 백분율의 기호 %를 빼면 돼. 그냥 떼어 내면 안 되고, 비율에 100을 곱해서 백분율을 구했으니까 다시 100으로 나누면 기호를 뗄 수 있게 돼.

자, 64%를 분수로 나타내면 $\frac{64}{100}$ = $\frac{16}{25}$ 이야. 소수는 $\frac{64}{100}$ = 0.64지.

모양이 다른 원기둥 컵과 사각기둥 컵이 어떻게 부피가 같을 수 있냐고?

직사각형의 넓이는 구할 수 있지? (가로) × (세로).

원의 넓이도 네가 알고 있는 방법으로 구해 보자. 원을 한없이 잘게 잘라 위, 아래를 이어 붙이면 직사각형이 돼. 한없이 잘게 잘라 붙이면 원의 넓이는 직사각형의 넓이와 같게 만들 수 있지.

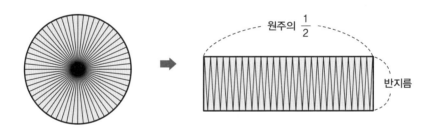

직사각형의 가로는 원주의 $\frac{1}{2}$과 같고, 직사각형의 세로는 원의 반지름과 같아.

$$\begin{aligned} (\text{원의 넓이}) &= (\text{직사각형의 넓이}) \\ &= (\text{가로}) \times (\text{세로}) \\ &= (\text{원주의 } \tfrac{1}{2}) \times (\text{반지름}) \\ &= (\text{지름}) \times (\text{원주율}) \times \tfrac{1}{2} \times (\text{반지름}) \\ &= (\text{지름}) \times \tfrac{1}{2} \times (\text{반지름}) \times (\text{원주율}) \\ &= (\text{반지름}) \times (\text{반지름}) \times (\text{원주율}) \end{aligned}$$

$$(\text{원의 넓이}) = (\text{반지름}) \times (\text{반지름}) \times (\text{원주율})$$

원기둥은 두 밑면이 서로 평행하고 모양과 크기가 같은 원으로 된 기둥 모양이야. 통조림 통의 모양이나 캔 음료의 모양이 원기둥이지.

원기둥을 펼쳐 놓은 그림을 원기둥의 전개도라고 해. 원기둥의 전개도가 되려면 밑면인 두 원이 서로 모양과 크기가 같고, 옆면의 가로는 밑면의 둘레인 원주와 같아야 해. 수업 시간에 설탕을 잴 때 사용한 컵의 전개도를 그려 볼까.

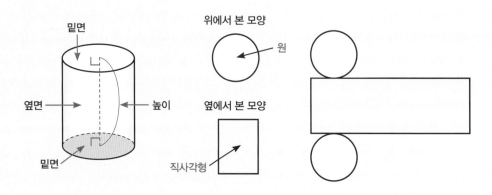

원기둥도 사각기둥과 같이 위와 아래의 면이 서로 평행이고, 모양과 크기가 같아. 원기둥도 각기둥처럼 위와 아래에 있는 면을 밑면이라고 하고 밑면은 모두 2개이고, 모두 원이야. 원기둥의 옆면은 옆으로 둘러싸인 곡면이야. 그리고 두 밑면에 수직인 선분의 길이를 높이라고 하지. 원기둥은 각기둥과는 다르게 모서리와 꼭짓점이 없어.

원기둥처럼 밑면이 원이지만 1개뿐이고, 옆면도 원기둥처럼 곡면이지만 뿔 모양이고, 꼭짓점이 있는 입체도형이 있어. 고깔모자처럼 생긴 이 도형을 '원뿔'이라고 해. 뿌악궁!

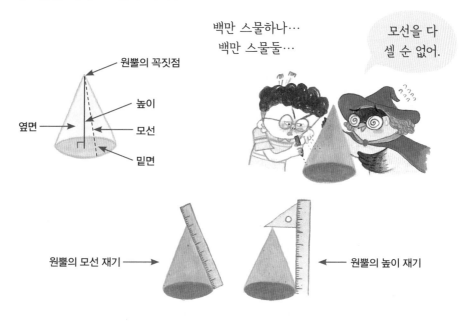

원뿔에서 뾰족한 점을 원뿔의 꼭짓점이라고 하고, 원뿔의 꼭짓점에서 밑면까지 수직인 선분의 길이를 '높이'라고 해. '모선'은 원뿔의 꼭짓점과 밑면인 원 둘레의 한 점을 이은 선분이야. 그래서 모선은 무수히 많고, 한 원뿔에

서 모선의 길이는 모두 같아. 그리고 모선은 원뿔의 높이보다 항상 더 길어.

원기둥에는 모선이 없어. 우유와 설탕의 부피를 재기 위해 사용한 컵의 모양이 뭐였지. 원기둥과 사각기둥이었지?

원기둥의 밑면은 원이므로 원을 잘게 잘라서 직사각형을 만들 수 있어.

곤이가 사용한 원기둥 컵의 밑면 지름은 10cm였어. 원주는 (지름) × (원주율)이므로, 그 길이를 구하면 10 × 3.14 = 31.4(cm)야. 그리고 사각기둥 컵의 밑면 가로 길이가 15.7cm이고, 세로는 5cm야. 그러면 원의 원주의 $\frac{1}{2}$이 사각기둥 밑면의 가로이고, 반지름이 세로니까 원과 직사각형의 넓이는 같아. 그리고 원기둥이나 각기둥의 부피는 밑면을 높이만큼 쌓아 놓은 양과 같고. 따라서 원기둥이나 각기둥의 부피를 구하는 공식도 같은 넓이를 가진 면들을 높이만큼 쌓는다는 원리를 생각하면 쉽게 이해할 수 있겠지?

원기둥(사각기둥)의 부피 = (밑면의 넓이) × (높이)

두 컵의 높이가 모두 10cm니까 두 컵의 부피는 같아.

원기둥 컵의 부피 = (밑면의 넓이) × (높이)
= 5 × 5 × 3.14 × 10 = 785cm^3

사각기둥 컵의 부피 = (밑면의 넓이) × (높이)
= 15.7 × 5 × 10 = 785cm^3

부피의 단위를 정리해 볼까. 한 모서리가 1cm인 정육면체의 부피를 $1cm^3$라고 하고, 1세제곱센티미터라고 읽어. 한 모서리가 1m인 정육면체의 부피를 $1m^3$라고 하고, 1세제곱미터라고 읽지.

$$1cm \times 1cm \times 1cm = 1cm^3$$
$$1m = 100cm이므로$$
$$100 \times 100 \times 100 = 1000000cm^3 = 1m^3$$

원기둥이나 원뿔 외에도 굽은 면으로 둘러싸여 있고, 위에서 본 모양이 원인 입체도형이 있어. 공 모양의 입체도형으로 '구'라고 해.

반원 모양의 종이를 빨대에 붙여서 돌리면 구가 돼. 원기둥은 직사각형 모양, 원뿔은 직각삼각형 모양의 종이를 빨대에 붙여서 돌리면 되지.

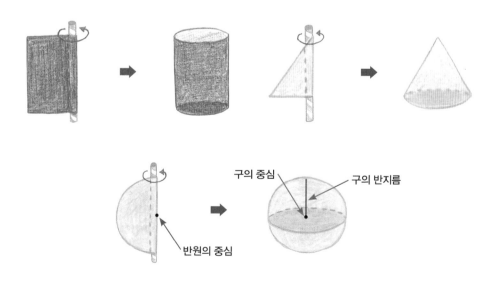

구의 중심　　구의 반지름

반원의 중심

고깔모자의 비를 말해 봐!

난 원뿔 모양의 생일 모자가 좋아.
이 모자를 쓰고 있으면 꼭 내 생일인 것 같거든. 히히~

15.7cm

53.4cm

모자가 두 개나 있네. 하나는 내 거야? 뻐억꾹!
밑면의 둘레가 작은 것이 내 거지? 그런데 너무 작아서
안 들어가는데? 큰 모자의 둘레는 53.4cm이고,
작은 모자의 둘레는 15.7cm군. 내 머리가 너보다 이렇게 작니?
내 머리 둘레가 네 머리의 $\frac{1}{2}$배 정도일 텐데……
큰 모자 둘레는 도대체 작은 모자 둘레의 몇 배나 되는 거야?

어림하면 큰 모자는 작은 모자의 3배 정도 될걸?

오우, 어림해서 구했어? 계산을 하기 전에 그 결과를 어림하면
계산한 후에 답이 맞았는지 생각할 수 있지.
구한 답이 어림한 값과 많이 다르면 계산이 틀린 것일 수 있으니까.
소수 첫째 자리에서 반올림해서 어림 계산한 거야?

응! 53.4를 소수 첫째 자리에서 반올림하여
자연수 53으로 바꾸고, 15.7도 소수 첫째 자리에서
반올림해서 자연수 16으로 바꿔 어림하면
53 ÷ 16 = 3 3125니까 약 3배가 되잖아.

제법인데! 그런데 내 머리 크기를 너무 과소평가했는걸.
기분이 나빠지려고 하네. 흥! 실제로 계산해서
소수 첫째 자리까지 구하면, 53.4 ÷ 15.7 = 3.4니까
어림한 값이 맞았네. 용서해 줄게. 뿌악국! 계산이 맞았으니까~

다 시꾸기 덕분이지 뭐. 그런데 소수의 나눗셈 문제를
풀다 보니까 몫이 소수점 이하 계속되는 경우가 있는데
어떻게 해야 해?

네가 어림한 것처럼 몫도 반올림해서 나타내면 되지.

자연수로 바꿔서 계산해도 되지?

물론이지. 해 볼래? 그리고 나머지도 말해 봐!

소수의 나눗셈은 나누는 수를 자연수로 바꿔야 하니까
534 ÷ 157을 계산하면 몫은 3이고 나머지는 63이야.

나머지가 틀렸어! 원래 나머지는 소수점을 움직이기 전인 나눗셈
53.4 ÷ 15.7로 생각해야 해. 그러면 나머지가 얼마가 될까?

$$
\begin{array}{r}
3 \\
15.7\overline{)\,53.4} \\
47.1 \\
\hline
6.3
\end{array}
$$

아하~ 나머지를 구할 때 소수점의 위치를 생각해야 하는구나!

우리 곤이가 수학 박사가 되어 가네. 뻐억꾹~ 고깔모자의 밑면,
둘레가 큰 모자가 작은 모자의 3배라는 걸 알았어.
이렇게 두 수를 비교하는 것이 '비'야. 53 ÷ 16을 비와 비율로
나타낼 수 있니? 이때 기준양과 비교하는 양이 어떤 수지?

53 ÷ 16을 비율로 나타내면 $\frac{53}{16}$ 이고, 비로 나타내면
53 : 16이야. 그러니까 기준양은 16이고,
비교하는 양은 53이야.

비를 이용하면 비교하는 양이 기준양의 몇 배인지를 알 수 있어.
바로 53 : 16의 비율은 $\frac{53}{16}$ = 3.3이니까 53은 기준양인
16의 약 3배라는 것을 나타낼 수 있잖아.
이렇게 비나 비율, 분수, 소수가 모두 나눗셈과 관련이 있다~
뻐억꾹! 정말 수는 연산과 아주 긴밀한 관계에 있다는 것을
기억하길 바란다. 예비 수학 박사님!

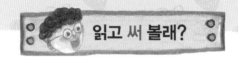
각설탕의 개수를 구해 봐!

가을에 암퇘지 네 마리가 동시에 새끼를 낳는데 다 합해 보니 서른한 마리였다. 이렇게 늘어난 새끼 돼지들에게 농장 뒤에 교실을 지어 줄 것이라고 한다. 새끼 돼지들은 다른 동물의 새끼들과는 놀아서는 안 된다는 명령을 받았기 때문에 뜰에서만 놀아야 했다. 나폴레옹은 뜰에다 새끼 돼지들이 머물러야 할 곳에 울타리를 쳐 주라고 하며 바닥에 울타리 모양을 그렸다. 그러고는 새끼 돼지 한 마리에게 울타리 자리를 표시하기 위해 정확한 울타리 길이만큼의 끈을 가져오라고 시켰다. 잠시 후 끈을 가지러 심부름 가던 새끼 돼지가 다시 돌아왔다. 끈을 몇 m 가져와야 하는지 모르기 때문이었다(원주율 = 3.14). 새끼 돼지는 끈을 얼마나 가져와야 할까?

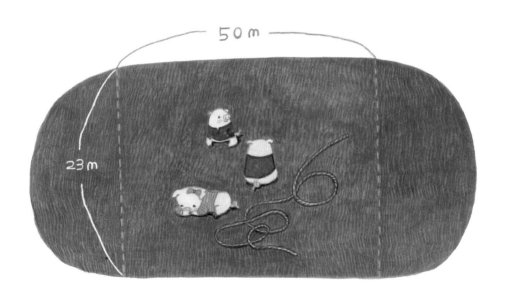

새끼 돼지는 울타리를 표시할 끈의 길이를 알아야 한다. 그 끈의 길이를 구하기 위해서는 울타리의 둘레를 구하면 된다. 울타리는 직선과 굽은 선 부분으로 되어 있다.

울타리의 둘레는 $\boxed{\text{직선의 길이}}$ 와 $\boxed{\text{굽은 선의 길이}}$ 의 $\boxed{\text{합}}$ 을 구하면 된다.

$$\text{(직선 부분의 길이)} = 50 + \boxed{50} = \boxed{100} \text{ m}$$

$$\text{(굽은 선 부분의 길이)} = \text{(지름이 } \boxed{23} \text{ m인 원 1개의 둘레)}$$

$$= \boxed{23} \times 3.14 = \boxed{72.22} \text{ m}$$

$$\text{(뜰의 둘레)} = \text{(직선 부분의 길이)} + \text{(굽은 선 부분의 길이)}$$

$$= \boxed{100} + \boxed{72.22} = \boxed{172.22} \text{ m}$$

따라서 필요한 끈의 길이는 $\boxed{172.22}$ m이다.

한여름에 접어들 무렵, 몇 년 동안 모습을 감추었던 까마귀 모지스가 날아와 슈거 캔디 산에 대한 이야기를 했다.

"저 위에 말이야, 저기 보이는 검은 구름 너머에 우리 불쌍한 동물들이 고된 일에서 벗어나 영원히 편안히 쉴 수 있는 슈거캔디 산이 있어. 정말이라니까!"

모지스는 각설탕이 자라는 울타리도 보았다고 친구들에게 말했다. 그 말에 복서가 솔깃해서 다가왔다.

"정말이야. 그곳에는 가로 25cm, 세로 25cm, 높이 60cm인 나무 상자가 있었단 말이야. 그 상자에는 각설탕이 빈틈없이 채워져 있었어. 각설탕은 가로 5cm, 세로 5cm, 높이 4cm인 사각기둥 모양이었고. 복서는 현명하고 똑똑하니까 각설탕이 그 상자에 몇 개나 들어 있었는지 알 거야. 다른 친구들도 그 나무 상자에 들어 있던 각설탕의 수를 알면 정말 놀랄걸."

그 말에 복서는 주변 친구들을 의식하면서 고개를 크게 끄덕였다. 복서는 상자에 들어 있는 각설탕의 수를 정확하게 알고 있었다.

60cm

25cm

25cm

복서는 모지스가 말하는 가로 25cm, 세로 25cm, 높이 60cm인 나무 상자 안에 빈틈없이 들어 있던 가로 5cm, 세로 5cm, 높이 4cm인 사각기둥 모양의 각설탕의 수를 알고 있었다. 각설탕의 수를 구하기 위해서는 나무 상자의 [부피]를 각설탕의 [부피]로 나누어야 한다. 그 [몫]이 각설탕의 수다.

나무 상자의 부피는 사각기둥의 부피를 구하는 방법과 같다.

$$(\text{상자의 부피}) = (\text{가로}) \times (\text{세로}) \times (\text{높이})$$
$$= 25 \times \boxed{25} \times \boxed{60} = \boxed{37500} \text{ cm}^3$$

각설탕도 사각기둥 모양이므로 나무 상자의 부피를 구하는 것과 같은 방법으로 구한다.

$$(\text{각설탕의 부피}) = (\text{가로}) \times (\text{세로}) \times (\text{높이})$$
$$= 5 \times \boxed{5} \times \boxed{4} = \boxed{100} \text{ cm}^3$$

상자의 부피가 각설탕의 부피의 몇 배인지 구하기 위해서 나눗셈을 한다. $\boxed{37500} \div \boxed{100} = \boxed{375}$ (배)이므로 상자에는 각설탕이 모두 $\boxed{375}$ 개 담겨 있었다.

나무 상자에 들어가는 각설탕의 수를 구하는 방법은 또 한 가지가 있다.

나무 상자의 가로 세로 높이에 각설탕의 가로 세로 높이가 몇 번 들어가는

지를 구하면 된다.

가로 25 cm에 각설탕의 가로 5 cm가 몇 번 들어가는지

25 ÷ 5 = 5 (번)

세로 25 cm에 각설탕의 세로 5 cm가 몇 번 들어가는지

25 ÷ 5 = 5 (번)

높이 60 cm에 각설탕의 높이 4 cm가 몇 번 들어가는지

60 ÷ 4 = 15 (번)

이렇게 구한 각설탕의 수로 전체 각설탕의 개수를 구하면 된다.

5 × 5 × 15 = 375 이므로 상자에는 각설탕이 모두

375 개 담겨 있었다.

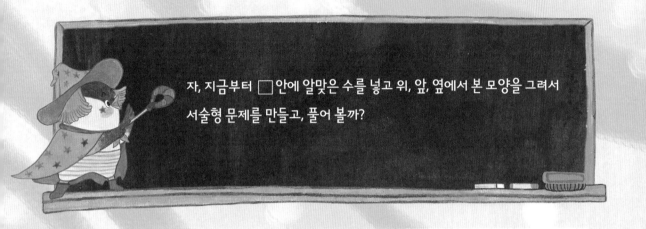

자, 지금부터 □ 안에 알맞은 수를 넣고 위, 앞, 옆에서 본 모양을 그려서 서술형 문제를 만들고, 풀어 볼까?

가로 □cm, 세로 □cm, 높이 5cm인 직육면체(단, 가로와 세로의 길이는 100cm 이하)를 남김없이 잘라서 한 모서리가 5cm인 정육면체를 □ 개 만들 수 있어. 정육면체의 개수는 120 초과 400 이하인 수야. 이때 한 모서리가 5cm인 정육면체 모두를 이용해 쌓기 나무를 했어. 완성된 모형을 위, 앞, 옆에서 본 모양을 그리고 자신이 만든 정육면체와 사용한 정육면체의 개수가 같은지 확인해 볼래? 아래 그려진 눈금의 한 칸의 가로와 세로의 길이는 5cm야.

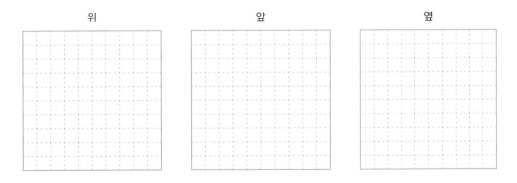

위　　　　　　　　　　앞　　　　　　　　　　옆

이렇게 생각하면 어때?

한 모서리의 길이가 5cm인 정육면체 개수가 120 초과 400 이하인 수로 정한 뒤, 그 개수의 정육면체를 만들기 위해서 직육면체의 가로와 세로의 길이를 얼마로 하면 되는지 계산하면 돼(약수와 배수). 그렇게 만들어진 정육면체를 남김없이 사용해서 쌓아 올린 모양을 생각해 봐. 그리고 자기가 상상으로 쌓은 모양을 위, 앞, 옆에서 보았을 때 어떤 모양이 되는지 모눈종이에 그려서 전체 개수를 확인해 보면 돼.

시꾸기의 똑똑 정리

오늘은 원의 넓이와 원과 관련된 입체도형의 부피, 그리고 비율에 대해 공부했어.

원 위의 두 점을 이은 선분 중 원의 중심을 지나는 선분을 지름이라고 하고, 원의 중심과 원 위의 한 점을 이은 선분을 반지름이라고 해. 한 원의 지름이 2cm이고, 다른 원의 지름이 5cm라면 2는 5의 몇 배일까? 두 수 2와 5를 비교할 때, 2 : 5라고 쓰는데 이것은 2가 5를 기준으로 몇 배인지를 나타내는 것으로 비라고 해. 이때 비 2 : 5에서 기호 ':'의 왼쪽에 있는 2가 비교하는 양이고, 오른쪽에 있는 5가 기준량이야. 그리고 '비교하는 양'을 '기준량'으로 나눈 값을 '비율' 또는 '비의 값'이라고 하지. 따라서 5에 대한 2의 비율은 $\frac{2}{5}$ 또는 0.4야.

모든 원들은 지름에 대한 원주의 비가 항상 일정하며, 그 비율을 원주율 ($\frac{원주}{지름}$)이라 해. 원의 넓이는 원을 잘게 잘라 직사각형을 만들어서 그 넓이를 구할 수 있지. (원의 넓이) = (반지름) × (반지름) × (원주율)이야. 원 모양의 밑면이 2개고 서로 평행한 기둥 모양의 입체도형을 원기둥이라고 하고, 원 모양의 밑면이 하나이고 뿔 모양인 입체도형을 원뿔이라고 해. 원기둥이나 각기둥의 부피를 구하는 공식이 뭘까? 각기둥이나 원기둥은 밑면과 같은 모양

과 크기의 도형을 높이만큼 쌓아 올리면 만들어지잖아. 그럼 [원기둥(사각기둥)의 부피] = (밑면의 넓이) × (높이)라는 것을 알 수 있지.

부피의 단위도 정리하면, 한 모서리가 1cm인 정육면체의 부피를 $1cm^3$라고 하고, 1세제곱센티미터라고 읽어.

부피를 구하는 공식을 떠올려 봐. 사각기둥을 생각해 볼까?

(밑면의 넓이) × (높이) = (가로) × (세로) × (높이)잖아. 길이가 세 번 곱해지지? 넓이는 두 번 곱해지고.

그래서 넓이의 단위는 $1cm^2$, 부피의 단위는 $1cm^3$가 되는 거야.

원기둥이나 원뿔 이외에도 굽은 면으로 둘러싸여 있고, 위에서 본 모양이 원인 입체도형을 구라고 하지. 반원 모양의 종이를 빨대에 붙여서 360° 돌리면 구가 돼.

5장
재미있는 그래프

5학년 2학기   ■ 자료의 표현
                 ■ 여러 가지 단위

6학년 2학기   ■ 비례식과 비례배분
                 ■ 비율 그래프
                 ■ 정비례와 반비례
                 ■ 여러 가지 문제

세상에 뿌려진 수학

딸기를 따는 속도가
이렇게 달라!

곤이네 학교는 6학년 때 수학여행을 간다. 초등학교의 마지막 해인 만큼 6학년 학생들에게는 수학여행이 멋진 크리스마스 선물과도 같았다. 그렇게 기다리고 기다리던 3박 4일의 경주 수학여행도 오늘이 마지막 날이다. 루미는 수학여행 전날 예쁘게 보이려고 이태리타월로 얼굴을 빡빡 닦고 엄마 크림을 바르고 잤더니 그다음 날 사건이 터지고 말았다. 뽀얀 얼굴을 기대한 루미는 아침에 일어나 거울을 보자마자 비명을 질렀다. 루미의 얼굴이 불타오르는 태양이 되어 있었다. 루미는 수학여행 내내 고개를 제대로 들지도 못했다. 그러다 마지막 날인 오늘이 되서야 고개를 들 수 있었다.

"이제야 하늘을 볼 수 있네. 곤이, 너! 사흘 내내 날 놀렸지?"

"뭐? 얘 좀 봐라. 내가 언제 놀렸다고? 난 붕이한테 가야겠다. 붕아!"

루미는 뛰어가는 곤이를 계속 째려보았다. 수학여행의 마지막 날인 오늘은 모두가 아침부터 바빴다. 전체 활동이 있는 날이기 때문이다. 전체 활동은 불국사 근처에 있는 딸기 농장 세 군데에서 딸기 따기 체험을 하고, 각 농장에서 마련해 준 실습실에서 딸기 케이크를 만드는 것이었다. 6학년 친구들 모두 1, 2, 3번 농장 사이에 있는 빈 공간에 모였다. 정이와 루미, 붕이, 곤이도 그곳으로 갔다.

"와, 넓다! 딸기 농장이 이렇게 넓어? 와, 여기 면적은 얼마나 될까?"

정이가 둘러보며 말하자, 붕이가 손을 망원경처럼 눈에 대고 주위를 둘러보았다.

"글쎄…… 정사각형 모양인데. 음…… 한 변의 길이가 대략 100m 정도 되는 것 같으니까 1ha 정도 되겠다."

"그것밖에 안 돼? 1km^2 정도는 될 것 같은데?"

그때 선생님이 말씀하셨다.

"경주시의 면적이 1324.39km^{2}란다. 여기가 1km^{2}면 경주가 너무 작게 느껴지는데."

정이와 루미, 그리고 붕이는 땅의 면적을 어림하며 서로 웃고 있었다. 하지만 곤이는 아무 말도 못한 채 그들을 쳐다보고만 있었다.

선생님께서 모두들 모이라고 하셨다. 곤이네 반은 5명씩 6개 조로 나눠서 각자 체험할 딸기 농장을 선택해야 했다. 한 농장에 3개 조 이상 겹치자, 선생님께서 각 조원에게 윗몸 일으키기를 해서 그 평균 횟수가 가장 많은 조부터 제비뽑기로 농장을 정하는 것으로 했다. 각 조원들은 킥킥대며 준비해 온 자리를 펴고 누워서 윗몸 일으키기를 했다. 곤이도 조원들과 함께 윗몸 일으키기를 1분간 했다.

곤이네 조원의 윗몸 일으키기 횟수는 '36, 40, 32, 38, 34'였다.

"평균이 얼마지?"

곤이는 난생처음으로 수학적 개념에 대해 이야기했다.

"횟수의 평균이니까 우리 조원들의 횟수를 모두 더해서 5로 나누면 돼."

"그래도 되고. 아니면 36을 기준으로 하면 40에서 4를 32에 주고, 38의 2는 34에 주면 36이 되니까 우리 조는 평균이 36이다."

"와! 그 계산 진짜 빠른데?"

곤이는 붕이의 계산 방법이 신기했다. 평균 횟수 36인 곤이네 조는 3등을 했다.

"여러분! 이쪽으로 모이세요."

"네!"

"여기 제비뽑기 바구니에는 딸기, 사과, 레몬 사탕이 각각 2개씩 들어 있어요. 우리 반은 6조까지 있으니까 각 조가 사탕을 한 개씩 뽑은 다음, 그 사탕으로 농장을 정합시다. 사과 사탕을 뽑은 조는 1번 농장, 딸기 사탕은 2번 농장, 레몬 사탕은 3번 농장으로 가는 거예요."

"저희들도 1번으로 가고 싶어요!"

"여러분 모두가 1번 농장을 가려고 하는데 이유가 뭐죠?"

"가장 가까워요! 헤헤. 그리고 딸기도 더 많아 보여요."

"딸기는 모든 농장에 똑같이 많단다. 각 조 대표들은 앞으로 나와서 사탕을 뽑으세요."

제일 먼저 1등 한 조가 나와서 사탕을 뽑았다. 레몬 사탕이었다. 학생들은 환호와 실망의 소리를 내뱉었다. 2등 한 조도 뽑았다. 이번에는 사과 사탕이었다. 루미는 손톱을 물어뜯으면서 말했다.

"이제 사과 사탕이 1개, 딸기 사탕 2개, 그리고 레몬이 1개 남은 거지? 그러면 딸기를 뽑을 가능성은 $\frac{2}{4}$로 가장 많군. 사과나 레몬은 $\frac{1}{4}$씩이니까 말이야. 곤이 파이팅!"

루미는 곤이의 어깨를 두드렸다. 곤이는 루미의 행동이 부담스러웠다. 곤이는 숨을 크게 내쉬고 사탕을 뽑았다. 레몬 사탕이었다.

"어쩌지? 미안……."

"괜찮아. 3번 농장도 딸기가 많을 거야. 내가 열심히 딸게. 하하하!"

곤이는 붕이의 말이 고마웠다. 제비뽑기는 윗몸 일으키기를 5등 한 조까지 끝났다. 마지막 6등 조는 남은 사탕을 그냥 가져가면 된다. 사과였다.

"와! 쟤들은 사과 사탕일 가능성이 1이네. 정말 운이 좋아! 이럴 줄 알았으면 죽기 살기로 윗몸 일으키기 하지 말걸."

루미는 중얼거리면서 아쉬워했다.

곤이와 다른 친구들은 루미를 따라 3번 농장 쪽으로 갔다. 3번 농장까지는 걸어서 20분가량 가야 했다. 1번이나 2번보다는 멀지만 딸기가 풍성하고 좋은 향이 나는 예쁜 농장이었다. 곤이네 조와 1등 한 조가 3번 농장이었다. 다른 학급에서도 친구들이 모여들었다. 농장에 계시는 분들이 작은 바구니를 농장 입구에 쌓아 놓고 주의 사항을 알려 주셨다. 곤이네 조원들은 주의 사항을 듣고 딸기를 따기 시작했다. 각자 바구니에 딸기를 따서 바구니가 차면 큰 통에 부었다. 곤이는 딸기가 잘 안 따져서 속도가 나지 않았지만, 붕이는 정말 빠르고 정확하게 딸기를 땄다. 심지어 곤이가 한 바구니를 딸 때, 붕이는 두 바구니를 땄다.

"붕아, 너 딸기 따는 법 배웠어? 굉장히 빠른데."

"그냥 딸기를 따는 건데…… 다른 생각은 안 하고."

"난 뭐 딴생각을 하냐? 네가 따는 딸기의 양이 정확하게 내 2배야. 아니다! 내가 뭉그러뜨린 걸 골라내면 3배 정도는 되겠다."

"설마…… 그렇게 정비례는 아니겠지. 내가 기계도 아니고."

"정비례?"

"그래. 네가 한 바구니 따는 동안 나는 세 바구니, 네가 두 바구니 따면 내가 여섯 바구니를 따는 것은 아닐 거라고."

"아하, 그게 정비례야? 그렇구나. 그럼 너와 내가 3 : 1, 아니 6 : 2인가?"

"3 : 1과 6 : 2는 비율이 같아. 헤헤, 걱정 마. 내가 많이 땄다고 딸기를 비례 배분해서 나누자는 말은 안 할 테니까. 푸하하~"

곤이는 붕이가 입만 열면 수학에 대한 내용이 술술 나오는 게 정말 신기했다. 한 5, 6m 떨어진 곳에서는 루미와 정이가 즐겁게 수다를 떨며 딸기를 따고 있었다. 두 시간 뒤에 각 조별로 모여서 딴 딸기와 학교에서 준비해 온 재료로 딸기 케이크를 만들었다. 그리고 저녁때는 그 케이크로 작은 파티를 하면서 6학년의 수학여행을 마무리했다.

곤이네 조가 가장 맛있는 케이크를 만든 조로 뽑혀서 큰 박수를 받았다.

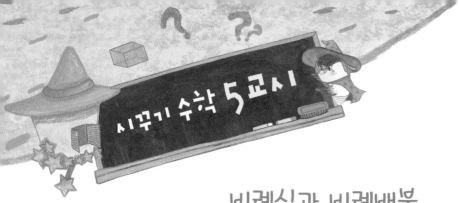

시꾸기 수학 5교시

비례식과 비례배분, 그래프, 정비례와 반비례

수학여행에서 집에 도착하자마자 곤이는 시계 앞으로 뛰어갔다. 그리고 씨익 한 번 웃어 보였다. 저녁 식사를 마치고, 곤이는 가족들에게 수학여행 이야기를 열심히 한 뒤 서둘러 방으로 들어갔다.

"아까 붕이가 뭐라고 했더라. 비례배분? 정비례? 수업 시간에 배운 것 같기는 한데. 붕이는 어떻게 친구들이랑 얘기하면서 자연스럽게 그런 단어를 사용할까?"

덜렁이는 침대 아래에서 바닥을 긁었다. 곤이가 자지 않는 것을 알고 놀자는 신호였다.

"안 되겠다. 오늘도 수학 공부를 해야겠어."

곤이는 침대에서 내려왔다. 마침 12시를 알리는 시계 속 뻐꾸기 소리가 들려왔다.

"수학을 알려 줘. 비례배분도, 정비례도 다 알려 줘~"

시꾸기는 기지개를 켜면서 나왔다.

"오늘은 날 기다리지 않을 줄 알고 일찍 자려 했는데…… 뻐억꾹~"

"궁금한 것이 생겨서 기다렸어. 어떻게 해야 내 친구 붕이처럼 수학에 대한 이야기를 아무렇지도 않게 내 생각에 녹여 넣을 수 있는 거야?"

"곤, 너도 점점 변해 가고 있어. 뻐꾹~ 그것을 모르겠니?"

"아니, 느끼고 있어. 히히. 내가 애들한테 평균이 무엇인지도 설명했다니까. 하지만 붕이는 내가 전혀 생각하지 못한 방법으로 평균을 구하더라고. 오늘 딸기 농장에서 수학에 대한 이야기가 정말 많이 나왔어. 면적의 단위와 비례배분과 정비례에 대한 이야기도 있었고. 그리고……."

"알았다, 뻐억꾹! 곤이가 변해 가는 모습을 보니 내가 힘이 난다. 빡꾹!"

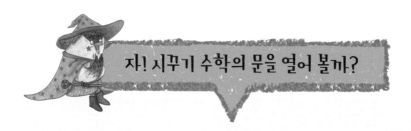

자! 시꾸기 수학의 문을 열어 볼까?

곤아, 지금 6학년이니까 너희 학년에서 어느 반이 달리기를 가장 잘하는지 알겠구나?

내가 이런 질문을 하면 곤이는 무엇을 생각해야 할까?

내가 알고 싶은 학급이 달리기를 제일 잘하는 학생이 있는 학급이 아니라는 것은 알겠지? 학생들의 평균적인 달리기 실력이 가장 뛰어난 반이 어느 반인지를 묻는 말이라는 거. 몰랐다고? 이런, 뿌악국!

수학여행에서 윗몸 일으키기를 제일 잘한 조를 어떻게 선별했는지 기억나? 윗몸 일으키기를 제일 잘하는 친구가 있는 조가 아니라, 각 조에서 조원들이 1분간 한 윗몸 일으키기 횟수에 대한 평균값이 가장 높은 조를 뽑았잖아. 바로 그거야! 물론 '평균'이 높다고 그 조 친구들이 다 잘하는 것은 아니야. 아주 잘하는 친구가 있으면 평균값이 올라가고, 아주 못하는 친구가 한 명이라도 있다면 평균값은 내려갈 수 있으니까 말이야. 이런 개인적 차이를 살펴볼 수 있는 수학적 개념(표준편차, 분산)도 있어. 그 개념은 중학교에서 배우게 될 거야. 뻐꾹~

평균은 각 자료 전체의 합을 구해서 자료의 수로 나눈 값이야.

$$\text{평균} = (\text{자료 전체의 합}) \div (\text{자료의 개수}) = \frac{\text{자료 전체의 합}}{\text{자료의 개수}}$$

186 시꾸기의 꿈꾸는 수학 교실

평균을 구하는 방법이 한 가지만 있는 것은 아니야. 네 친구 붕이가 했던 방법 기억나? 붕이는 '일정한 기준을 정해 기준보다 많은 것을 부족한 쪽으로 채우면서 고르게 맞춰서' 평균을 구하는 방법을 이용했어.

나도 뱃살이 자꾸 늘어서 이번 달 1일부터 4일까지 윗몸 일으키기를 1분간 해 봤어.

날짜(일)	1	2	3	4
횟수(회)	36	40	32	38

평균을 구하는 공식을 사용하면 $\dfrac{36 + 40 + 32 + 38}{4}$ = 36.5야. 뻐억! 켁!

난 뱃살을 빼기 위해 한 달간 매일 윗몸 일으키기를 할 거야. 내 윗몸 일으키기 실력이 느는지 한눈에 알아보기 위해 그래프를 그릴 생각이야.

어떤 그래프가 좋을까? 조사한 수를 그림으로 나타내는 그림그래프, 막대로 나타내는 막대그래프?

● 10회 ○ 1회

그림그래프를 사용해서 나타내도 좋지만, 보통 그림그래프는 쌀 생산이나 인구수와 같이 지역이나 위치에 따라 수량의 많고 적음을 한눈에 알 수 있게 할 때 사용해. 그림그래프를 그릴 때는 큰 단위의 수는 큰 그림으로, 작은 단위의 수는 작은 그림으로 나타내지.

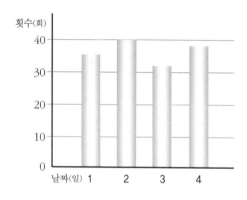

막대그래프는 수량의 많고 적음을 한눈에 비교하기에 편리해. 윗몸 일으키기 횟수를 막대그래프로 나타내면 한 달 동안 가장 많이 한 날이 언제인지 쉽게 알 수 있을 거야.

꺾은선그래프는 시간에 따른 변화를 나타내기에 적절한 그래프야. 한 달간 윗몸 일으키기의 실력을 횟수로 판단할 경우 시간에 따라 그 변화가 어떻게 되는지 쉽게 알아볼 수 있는 그래프지.

자료를 알아보기 쉽게 표현하는 그래프에는 그림그래프, 막대그래프, 꺾은선그래프 등이 있어. 시간에 따른 변화를 나타내기에는 꺾은선그래프가 적합하고, 마을별이나 지

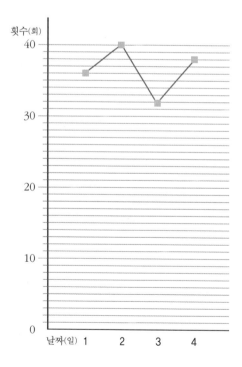

역별 수를 한눈에 알아보기 쉬운 그래프는 그림그래프야.

기대해! 내 윗몸 일으키기 실력의 변화를! 꺾은선그래프로 그 변화를 알아보기 쉽게 그려서 한 달 뒤에 보여 줄게. 그런데 내가 1분간 100회 이상하는 날이 올까?

그런 날이 올 가능성은 0이라고 생각해. 하지만 지금까지의 상황을 보면 30회 이상일 가능성은 1이야. 이것이 무슨 뜻이냐고?

내가 말하는 '가능성'이란 것은 어떠한 상황에서 특정한 사건이 일어나길 기대할 수 있는 정도를 말해. 내가 1분간 윗몸 일으키기를 100회 이상 한다는 것은 있을 수 없다는 거야. 그래서 가능성이 0이란 거지. 하지만 포기하지 않고 열심히 할게.

사건이 일어날 가능성을 수직선으로 나타내 볼까.

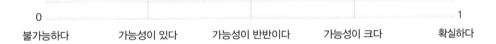

윗몸 일으키기를 빨리할 수 있다면 횟수를 늘리는 것은 쉬울 텐데. 속력이 나질 않는단 말이야. 속력은 빠르기를 말하는 거잖아. 1분당 윗몸 일으키기의 횟수가 많으면 속력이 빠른 거지. 자동차도 1시간 동안 간 거리가 길다면 속력이 빠른 거고. 곤이도 붕이가 딸기 따는 속력에 놀랐잖아. 이 속력이란 것도 비율이야. 자동차로 설명하자면, (속력) = (간 거리) ÷ (걸린 시간)이므로 걸린 시간에 대한 간 거리의 비율이고.

1시간 동안 평균 60km를 가는 경우에 속력을 '60km/시'라 쓰고, 시속 60km라고 읽어. 1분 동안 평균 50m를 가는 속력은 '50m/분'이라 쓰고 분속 50m라고 읽어.

아래 표와 같이 시간에 따라 일정한 양의 딸기를 딸 때 시간과 딸기를 딴 양(바구니 수)과 같은 관계를 **정비례**라고 해. 정비례는 한 양이 늘어날 때, 다른 양이 그 비율로 늘어나는 관계지. 수학여행에서 같은 시간 동안에 곤이와 붕이가 딴 딸기 바구니의 수와 시간의 관계가 그런 거야.

바구니 수(개) \ 시간	1	2	3	4	5	6
붕이	3	6	9	12	15	18
곤이	1	2	3	4	5	6

붕이가 일정한 속도로 딸기를 딴다고 하면 1시간 동안 딴 딸기를 담은 바구니의 수가 3개, 2시간 동안은 6개, 3시간 동안은 9개,… 시간에 따라 바구니 수가 늘어나고 있어. 시간과 바구니의 수는 일정한 관계가 있는 것 같지? 시간과 바구니처럼 두 양 x, y에서 x가 2배, 3배, 4배,…로 변함에 따라 y도 2배, 3배, 4배,…로 변하는 관계가 있으면 x와 y는 정비례한다고 하는 거야. 정비례의 관계를 식으로 나타내면 (딸기 바구니의 수)를 y로, (딸기를 따는 시간)을 x로 하면 곤이의 경우는 $y = 1 \times x$, 붕이의 경우는 $y = 3 \times x$와 같이 나타낼 수 있어.

이렇게 정비례의 관계를 나타내는 두 양 x와 y의 대응 관계를 식으로 나타내면 $y = 2 \times x$, $y = 3 \times x$, $y = 4 \times x$,…와 같이 나타낼 수 있어. 이때 일정한 값 2, 3, 4,…를 비례상수라고 해.

비율에 대한 관계에서는 정비례 관계만 있는 것은 아니야. **반비례**라는 관계도 있어. 한 양은 늘어나는데 다른 양은 그 비율로 줄어드는 관계를 말하지.

이번에는 (1시간 동안 따는 딸기 바구니의 수)를 y로, (딸기를 따는 시간)을 x로 하고, 따야 하는 딸기의 바구니 수를 100(개)이라고 해 보자. 그러면 어떤 관계식이 만들어질까?

(1시간 동안 따는 딸기 바구니의 수) × (딸기를 따는 시간) = 100이니까 $y \times x = 100$이잖아.

x가 1, 2, 3, 4,…로 변함에 따라 y는 $\frac{100}{1}$, $\frac{100}{2}$, $\frac{100}{3}$, $\frac{100}{4}$,…으로 변하겠지? 이와 같이 두 양 x, y의 관계에서 x가 2배, 3배, 4배,…로 변함에 따라 y는 $\frac{1}{2}$배, $\frac{1}{3}$배, $\frac{1}{4}$배,…로 변하는 관계가 성립하면 x와 y는 반비례한다고 해.

그리고 x와 y의 대응 관계를 식으로 나타내면 $y \times x = 2$, $y \times x = 3$, $y \times x = 4$,…와 같이 나타낼 수 있어. 이때도 일정한 값 2, 3, 4,…를 비례상수라 하고.

붕이는 1시간 동안 3바구니를, 2시간 동안 6바구니,…를 땄다고 했지? 정말 빠르구나. 그러면 '시간'을 기준량으로 생각하고 '그 시간 동안에 딴 딸기 바구니의 수'를 비교하는 양으로 해서 비를 나타내면 3 : 1, 6 : 2, 9 : 3,…으로 나타낼 수 있어.

3 : 1과 같이 비를 나타내는 '3'과 '1' 두 수를 각각 '항'이라고 해. 이때 앞의 항을 전항(비교하는 양)이라고 하고, 뒤에 있는 항을 후항(기준량)이라고 해. 붕이가 (딸기를 딴 시간)에 대한 (딴 딸기 바구니 수)를 비로 나타내면 그 비율은 모두 같다는 것 알지?

3 : 1 = 6 : 2와 같이 비율이 같은 두 비를 등식으로 나타낸 식을 비례식이라고 해.

비례식 (전항) : (후항) = (전항) : (후항)에서 등호를 중심으로 가까이 있느냐, 멀리 있느냐에 따라 항을 구분하기도 하지. 비례식에서 바깥쪽에 있는 두 항을 외항, 안쪽에 있는 두 항을 내항이라고 해.

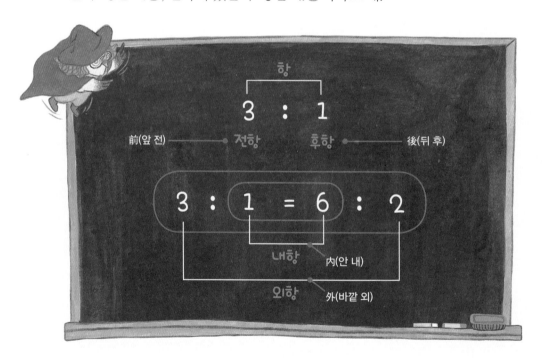

$\frac{3}{1} = \frac{6}{2} = \frac{9}{3} = \cdots = 3$과 같이 각 비에 대한 비율은 3으로 같아. 따라서 비율이 같은 비는 비의 전항과 후항에 0이 아닌 같은 수를 곱해도 '3 : 1 = 3 × 2 : 1 × 2 = 6 : 2 = 3', 나누어도 '6 : 2 = 6 ÷ 2 : 2 ÷ 2 = 3 : 1 = 3' 비율이 같다는 것을 알 수 있어. 이러한 성질이 비의 성질이야.

비례식 3 : 1 = 6 : 2을 보면 내항의 곱인 1 × 6이 외항의 곱인 3 × 2와 같아. 그래서 비례식의 성질은 '비례식에서 내항의 곱과 외항의 곱은 같다'야. 붕이가 계속 일정하게 딸기를 딴다면 8시간 동안 딴 딸기 바구니의 수도 비례식을 이용해서 구할 수 있어.

□를 8시간 동안 딴 딸기 바구니의 수라고 하자. 그러면 다음과 같은 비례식을 만들 수 있어. 비례식을 만들고 내항의 곱이 외항의 곱과 같다는 비례식의 성질을 이용해서 □를 구하면 되겠지.

$$3 : 1 = \square : 8$$
$$\square = 3 \times 8$$
$$\square = 24\,(개)$$

붕이가 8시간 동안 딸기를 따는 것을 지켜보지 않아도 이렇게 비례식을 이용해서 따게 될 바구니의 수를 알아볼 수 있잖아. 정말 편리하지? 붕이가 뭐라고 말했는지 기억하니? 아무리 딸기를 많이 따도 딸기를 나눌 때는 비례배분하지는 않겠다는 말 말이야! 이 말은 무슨 뜻일까?

비례배분이란, 전체를 주어진 비로 배분하는 것을 말해. 그럼 4시간 동안 곤이와 붕이가 딸기를 딴 양을 생각해 보자. 딸기를 딴 시간을 x, 딴 딸기 바구니의 수를 y라고 할 때 그 관계식은 곤이의 경우 $y = 1 \times x$, 붕이의 경우 $y = 3 \times x$잖아.

그러면 4시간 동안 곤이는 $1 \times 4 = 4$(바구니)고, 붕이는 $3 \times 4 = 12$(바구니)니까 둘이 함께 딴 딸기의 양은 $4 + 12 = 16$(바구니)이 되겠네. 그럼 16바구니를 붕이와 곤이가 4시간 동안 딴 딸기 양으로 비례배분해서 나눠 가진다면 어떻게 나눠야 할까?

곤이와 붕이가 딴 딸기 바구니의 수를 비로 나타내면 1 : 3이잖아. 비례배분이란 것은 그 비를 적용해서 딸기를 나눈다는 말이야.

곤이는 전체 16바구니의 $\dfrac{1}{1+3} = \dfrac{1}{4}$ 을, 붕이는 전체 16바구니의 $\dfrac{3}{1+3} = \dfrac{3}{4}$ 을 갖는 거지. 곤이는 $16 \times \dfrac{1}{4} = 4$(바구니), 붕이는 $16 \times \dfrac{3}{4} = 12$(바구니)를 갖게 돼.

그러면 전체 16바구니를 곤이와 붕이가 나눠 가진 비율이 $\dfrac{1}{4}$ 과 $\dfrac{3}{4}$ 이잖아. 이 비율을 전체에 대하여 백분율로 나타내면 $100 \times \dfrac{1}{4} = 25$(%), $100 \times \dfrac{3}{4} = 75$(%)야. 곤이는 16바구니 가운데 25%를 가졌고, 붕이는 75%를 가진 거야. 친구들이 더 여럿이라면 더 다양한 비율로 나뉘겠지. 하지만 그 합은 항상 100%야. 이런 비율을 한 번에 볼 수 있게 나타내는 그래프를 **비율 그래프**라 하고, 띠그래프가 이에 속해.

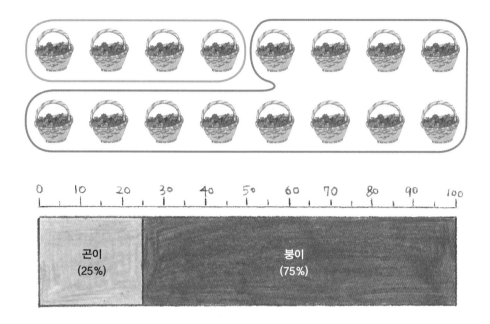

띠그래프는 전체 바구니 수에 대한 각 부분(곤이와 붕이가 딴 바구니 수)의 비율을 띠 모양으로 나타낸 그래프야. 띠그래프는 비율을 길이로 나타내는 거지. 전체 크기에 대한 각 항목이 차지하는 백분율을 구하고, 각 백분율의 합이 100%가 되는지 확인해야 해.

전체에 대한 각 부분의 비율을 길이로 나타내는 띠그래프 외에도 전체에 대한 각 부분의 비율을 원의 모양으로 나타내는 원그래프가 있어. 전체에 대한 부분이 다양한 경우를 살펴볼까. 그래! 딸기 케이크를 만들었지?

딸기 케이크의 재료 배합으로 다시 설명해 볼게. 케이크 한 개의 무게가 800g일 때, 빵 사이에 들어가고 장식할 재료를 정리하면 케이크 빵 275g, 생크림 200g, 크림치즈 25g, 딸기 300g이야.

케이크 빵 : $\dfrac{275}{800} = \dfrac{11}{32}$, $100 \times \dfrac{11}{32} = 34.375(\%)$ 약 34%

크림치즈 : $\dfrac{25}{800} = \dfrac{1}{32}$, $100 \times \dfrac{1}{32} = 3.125(\%)$ 약 3%

생크림 : $\dfrac{200}{800} = \dfrac{1}{4}$, $100 \times \dfrac{1}{4} = 25(\%)$

딸기 : $\dfrac{300}{800} = \dfrac{3}{8}$, $100 \times \dfrac{3}{8} = 37.5(\%)$ 약 38%

재료	케이크 빵	크림치즈	생크림	딸기	딸기 케이크 (총합)
무게(g)	275	25	200	300	800
비율	$\dfrac{11}{32}$	$\dfrac{1}{32}$	$\dfrac{1}{4}$	$\dfrac{3}{8}$	$1 = \dfrac{32}{32}$
백분율(%)	34	3	25	38	100

원그래프는 전체에 대한 각 부분의 비율을 원 모양으로 나타낸 그래프야. 전체 크기에 대해 각 항목이 차지하는 백분율을 구해야 해. 각 항목의 백분율의 합계가 100%가 되는지 확인해야 하고.

우선 각 항목이 차지하는 백분율만큼 원을 나눠. 나눈 원 위에 각 항목의 명칭과 백분율의 크기를 쓰는 거야.

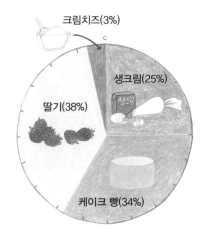

크림치즈(3%)

생크림(25%)

딸기(38%)

케이크 빵(34%)

눈금 한 칸이 5%니까
25%인 생크림은
5칸을 차지해!

딸기 케이크 재료에 대한 원그래프는 원을 20칸으로 나누었으므로 한 칸은 5%(100 ÷ 20 = 5)야. 원그래프도 띠그래프처럼 전체에 대한 각 부분의 비율을 한눈에 알아볼 수 있고, 각 항목끼리의 비율도 쉽게 비교할 수 있어. 앞에서 띠그래프를 설명했었지? 전체 딸기 케이크에 대한 각 재료들의 비율을 띠그래프로도 그려 볼게.

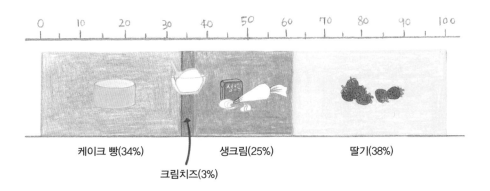

케이크 빵(34%)   생크림(25%)   딸기(38%)

크림치즈(3%)

어때, 이제 알겠지?

톱니바퀴는 몇 바퀴나 돌까?

6 : 10의 비율은 $\frac{6}{10}$ = $\frac{3}{5}$ 이잖아.

비의 성질에 따라 6 : 10 = 3 : 5로 나타낼 수 있지?

비의 성질이 무엇인지 말해 볼래?

비의 성질은 전항과 후항에 0이 아닌
같은 수를 곱하거나 나누어도 비율은 같다잖아.

맞아. 그럼 소수나 자연수, 분수의 비를 가장 간단한
자연수의 비로 나타내기 위해서 어떻게 해야 할까?

소수끼리의 비이거나 소수와 자연수의 비의 경우는
각 항에 10, 100, …을 곱해서 자연수의 비로 만들면 돼.

분수의 비는 비의 각 항에 두 분모의 최소공배수를 곱하고,

자연수의 비를 가장 간단한 자연수의 비, 즉 더 이상 약분이 되지 않는
수의 비로 바꾸기 위해서는 비의 각 항을 두 수의
최대공약수로 나누면 된다!

확실하게 곤이의 수학 실력이 늘었는데.
이렇게만 하면 중학교에 가도 걱정 없다! 뻐억~

생각해 보니까 결국 평균도 비율이잖아?
자료의 개수에 대한 자료 전체 합의 비율.

그렇지. 너희 반 학생들의 평균 신장을 안다면, 네 키가 너희
반에서 어느 정도인지를 생각해 볼 수 있듯이. 난 시계 속에서
살다 보니 맞물려 돌아가는 톱니바퀴를 좋아해. 뻐억꾹!
여기 작은 톱니와 큰 톱니가 맞물려서 돌아간다.
작은 톱니바퀴가 7바퀴 도는 동안에 큰 톱니바퀴는 6바퀴를
돌거든. 그러면 작은 톱니바퀴가 49바퀴를 도는 동안에
큰 톱니바퀴가 몇 번 도는지 알겠니?

물론이야.
비례식을 이용하면
구할 수 있어.

맞아, 맞아! 어서 해 봐.

작은 톱니바퀴가 49바퀴를 도는 동안에 큰 톱니바퀴가 도는 수를 ♠바퀴라고 하면 7 대 6은 49 대 ♠이고, 외항의 곱인 7 곱하기 ♠은 내항의 곱인 6 곱하기 49와 같아. 그러면 7과 ♠의 곱이 294니까 294를 7로 나누면 돼.

계산기 빌려 줄까?

아니. 음…… 그러니까 294를 7로 나누면 7 곱하기 40이 280이고, 7 곱하기 2가 14니까 큰 바퀴는 42바퀴를 돌게 돼.

뿌악국~ 맞았어! 대단한데. 곤이, 매일 수학 공부만 하는구나. 비례식 하니까 떠오르는 수학 개념이 있는데, 혹시 정비례와 반비례를 어떻게 구별하는지도 알아?

물론이야! 예전에 게으름 피우던 곤이라고 생각하면 오산이야.
잘 들어 봐. 두 양이 x, y일 때 x가 2배, 3배, 4배, …로 변함에
따라 y가 어떻게 변하는지를 나타내는 것이 정비례와 반비례고,
이 둘은 관계식으로 구분해.
정비례 관계식은 $y = ◆ × x$ (◆는 비례상수)이고,
반비례 관계식은 $x × y = ■$ (■는 비례상수)야.

그럼 곤이가 붕이에게 빌린 책을 매일 같은 쪽수로 읽으려고
할 때, 매일 읽은 책의 쪽수를 x(쪽), 책을 읽은 기간을
y(일)라고 하자. 그러면 x와 y는 무슨 관계일까?

책 한 권의 쪽수는 정해져 있잖아. 그러니까 매일 읽은 책의
쪽수가 많아지면 많아질수록 그 책을 읽은 기간은 짧아지니까
반비례 관계야. 매일 읽은 책의 쪽수인 x(쪽)와 책을 읽은
기간인 y(일)를 곱하면 책의 전체 쪽수가 나와야 하잖아.
따라서 관계식은 $x × y = $ (책의 전체 쪽수)가 되는 거야.

축하한다~ 뻐억국~ 다음 시간에는 중학교 수학을
공부해야겠다!

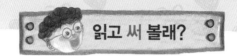
학생 수를 비교해 봐!

어느 날 싱클레어는 큰 교실에서 다른 학급과 수업을 같이 하게 되었다. 그래서 80명이 한 교실에서 수업을 했다. 다른 학급에는 데미안이 있었다. 선생님은 카인과 아벨을 얘기하면서 학생들이 좋아하는 문학 공부 방법에 대한 질문을 하셨다. 80명의 학생들이 좋아하는 공부 방법은 글쓰기, 읽기, 토론하기, 듣고 생각하기였다. 각 방법별로 학생들이 좋아하는 비율은 그래프와 같다.

싱클레어는 잠시 다른 생각을 하는 바람에 각 방법별 학생들의 비율만 노트에 기록하고 각 방법별 학생 수를 적지 못했다. 싱클레어는 자신이 좋아하는 '듣고 생각하기'를 몇 명이 좋아하고, 그 학생들 수가 자신이 가장 싫어하는 '토론'을 좋아하는 학생 비율의 몇 배가 되는지 궁금했다. 싱클레어의 궁금증을 풀 수 있을까?

싱클레어가 좋아하는 '듣고 생각하기'를 좋아하는 학생들이 몇 명이고, 그 수가 싱클레어가 싫어하는 '토론'을 좋아하는 학생들 비율의 몇 배가 되는지를 구해야 한다. 각 정보를 다시 확인하고, 전체 학생 80명에 대하여 각 비율이 차지하는 학생들의 수를 구해 보자.

'좋아하는 문학 공부 방법'에 대한 학생들의 비율은 글쓰기 15 %, 읽기 30 %, 듣고 생각하기 35 %, 토론 20 %이다.

이 가운데 듣고 생각하기 를 좋아하는 학생 수, 그리고 그 비율이 토론을 좋아하는 학생 수 비율의 몇 배인지를 구해야 한다.

듣고 생각하기를 좋아하는 학생은 전체의 35 %이므로 학생의 수를 구하기 위한 식은 다음과 같다.

$$80 \times \frac{35}{100} = 28 \text{ (명)}$$

듣고 생각하기를 좋아하는 학생의 비율은 35 %, 토론 을 좋아하는 학생의 비율은 20%이다. 따라서 듣고 생각하기의 비율이 토론 의 비율의 몇 배인지를 구하기 위한 식은 다음과 같다.

$$35 \div 20 = 1.75 \text{ (배)}$$

따라서 듣고 생각하기는 토론 의 1.75 배이며,
듣고 생각하기를 좋아하는 학생의 수는 28 명이다.

어느 날 싱클레어는 데미안과 상징적인 그림 문장에 대한 꿈을 꾸었다. 그 그림은 끊임없이 변했고, 데미안은 그것을 두 손에 들고 있었다. 그런데 잿빛의 작은 그림은 점차 커지면서 화려한 색으로 변해 갔다. 하지만 데미안은 그것은 언제나 가로와 세로의 비가 7 : 5인 종이 위에 그려진 그림이라고 했다. 그리고 그 그림은 새가되어 날아갔다. 싱클레어는 잠에서 깼다. 그다음 날 싱클레어는 문장이 변한 새를 그려 넣을 액자를 만들기로 했다. 길이가 360cm인 철사를 구부려서 직사각형 모양의 액자 틀을 만들고 싶었다. 싱클레어가 만들려는 직사각형 액자 틀의 가로는 몇 cm일까?

길이가 360cm인 철사를 구부려서 가로와 세로의 비가 7 : 5인 직사각형 모양의 액자를 만들 때 가로의 길이를 구하면 된다.

직사각형의 둘레가 $\boxed{360}$ cm이므로 가로 길이와 세로 길이의 합은 다음과 같다.

$$(\text{가로}) + (\text{세로}) = 360 \div \boxed{2} = \boxed{180}$$

따라서 직사각형의 가로는 다음과 같이 구할 수 있다.

$$180 \times \boxed{\dfrac{7}{7+5}} = 180 \times \boxed{\dfrac{7}{12}} = \boxed{105} \, (\text{cm})$$

직사각형 액자 틀의 가로는 $\boxed{105}$ cm이다.

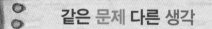

같은 문제 다른 생각

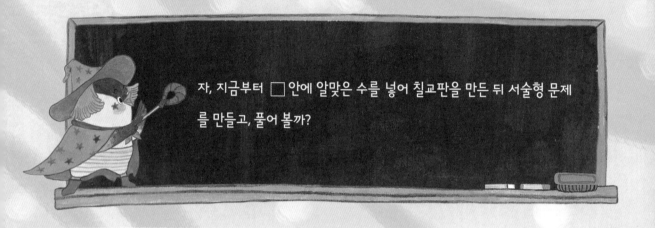

자, 지금부터 □ 안에 알맞은 수를 넣어 칠교판을 만든 뒤 서술형 문제를 만들고, 풀어 볼까?

한 변의 길이가 □ cm인 정사각형 모양의 칠교판을 만들려고 해. 정사각형의 한 변의 길이와 대각선 길이의 비는 약 1 : 1.4야. 대각선의 길이는 소수 첫째 자리에서 반올림하면 자연수인 □ cm지. 이렇게 만든 정사각형을 다음과 같이 ①~⑦번 조각으로 잘라서 칠교판을 만들어 다음 제시된 도형을 만들었을 때, 그 도형의 둘레를 구해 봐.

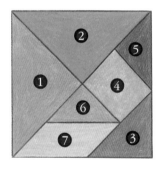

도형 1

도형 2

이렇게 생각하면 어때?

이 문제는 칠교판을 만드는 데 적용된 비를 이용해서 일곱 조각으로 나뉜 삼각형과 사각형의 변의 길이를 구하는 문제야. 정사각형 한 변의 길이를 정하면 그 길이와 대각선 길이의 비 '1 : 1.4'와 비례식의 성질을 이용해서 대각선의 길이를 구할 수 있어. 정사각형의 대각선 길이를 구하면 칠교판을 구성하는 도형 ①, ②, ③, ④, ⑤, ⑥, ⑦의 각 변의 길이를 구할 수 있잖아. 각 변 길이의 비를 이용해서 말이야.

시꾸기의 똑똑 정리

자료의 정리와 비율에 대한 식과 그래프에 대해 정리해 보자!

한 사람의 나이 13세, 몸무게 45kg, 길이 10cm라는 수는 그 사람에 대한 자료가 돼. 하지만 어떤 집단에 속하는 많은 사람들의 정보를 설명하려면 어떻게 해야 할까? 꿈꾸는초등학교 6학년 2반과 4반 학생들의 몸무게를 모두 기록한 자료가 있다면 각 반 학생들의 몸무게를 어떻게 설명할 수 있을까? 예를 들면 6학년 2반 학생들의 몸무게 평균이 48kg이고, 4반 학생들의 몸무게 평균이 45kg이라고 하자. 그렇다면 2반 학생들이 4반 학생들보다 평균적으로 체격이 더 크다고 볼 수 있다는 거야. 2반 학생들이 27명인데 그 학생들의 몸무게를 모두 더하고 학생 수인 27로 나눈 값이 평균 몸무게잖아. 학생들의 몸무게를 모두 고르게 만들 때 그 값을 평균이라고 하거든. 다른 경우도 생각해 볼까? 내가 이번 시험에서 국어 86점, 영어 80점, 수학 98점, 과학 88점을 받았어. 그러면 평균을 구하기 위해서는 전체 과목의 점수를 더한 후, 그 과목 수인 4로 나누면 평균을 구할 수 있어. (86 + 80 + 98 + 88) ÷ 4 = 88(점)

따라서 내 평균 점수는 88점이야. 내 평균 점수가 88점이라고 내가 제일 잘한 과목 점수가 88점보다 높지 않다는 것이 아니야. 물론 가장 낮은 점수도 88점보다 낮은 80점이고. 단, 평균은 모든 점수를 고르게 할 때 그 고르게 한

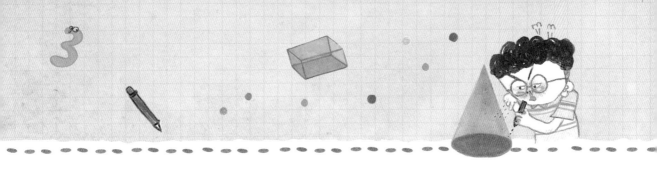

값이 얼마인지를 말하는 거야. 각 과목의 높고 낮음을 비교하고 싶으면 그래프를 이용하면 돼. 대부분 쌀 생산이나 인구수와 같이 지역이나 위치에 따라 수량의 많고 적음을 한눈에 알아보기 위해서는 막대그래프를 사용하면 돼. 그렇다면 변화하는 모양과 정도를 알아보기 쉽고, 조사하지 않은 중간의 내용도 짐작할 수 있으려면 꺾은선그래프를 사용하면 되겠지?

두 양 사이의 관계를 나타내는 비가 일정하다는 말은, 한 양이 2배, 3배, 4배,…로 변함에 따라 다른 양도 2배, 3배, 4배,…로 변하는 정비례이거나, $\frac{1}{2}$배, $\frac{1}{3}$배, $\frac{1}{4}$배,…로 변하는 반비례인 경우야. 곤이와 붕이가 딸기를 따는 양을 같은 시간에 딴 딸기 바구니 수로 나타내면 1 : 3이었어. 이때 곤이가 3바구니를 땄다면 붕이는 1 : 3 = 3 : △라는 비례식을 세우고, '내항의 곱과 외항의 곱이 같다'는 비례식의 성질을 이용해서 구하면 9바구니라는 것을 알 수 있어. 또 곤이와 붕이가 함께 딸기 16바구니를 땄을 때 각자 몇 바구니씩 땄는지를 알려면 16을 1 : 3으로 비례배분하면 돼. 전체 16바구니를 곤이와 붕이가 같은 시간에 딴 딸기의 양에 대한 비율로 나누면 $\frac{1}{4}$과 $\frac{3}{4}$이잖아. 이 비율을 한눈에 볼 수 있게 길이로 나타낸 비율 그래프가 띠그래프이고, 전체에 대한 각 부분의 비율을 원 모양으로 나타낸 비율 그래프는 원그래프야.

같은 문제 다른 생각

함께 풀어 보아요!

가로와 세로가 각각 [5] cm, [5] cm인 정사각형 모양의 포장지가 있다. 이 포장지를 다른 모양의 직사각형이나 정사각형들로 남김없이 오리는데, 사각형들의 수를 가장 많게 또는 적게 오리기 위한 풀이 과정과 답을 구하시오.

다른 생각에 대한 풀이 과정

단, 반드시 직사각형이나 정사각형으로 오려야 하고, 모두가 다른 모양이어야 한다. 돌리기나 회전하기로 나오는 모양들도 모두 다른 모양의 직사각형으로 취급한다. 이를테면 가로, 세로가 1, 2와 2, 1인 경우는 다른 직사각형이다.

가장 적게 오리는 경우는 2개이다.

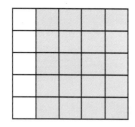

가장 많이 오려 내는 경우는 8개이며, 다양하게 오려 낼 수 있다.

 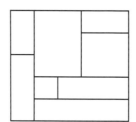

7.1이나 7.3 중에서 한 수를 택해서 '10보다 작은 어떤 자연수'인 ⬚3⬚ 으로 나눌 때, 그 몫은 소수점 이하로 끊임없이 나열된다. 이때 자신이 정한 '10보다 작은 어떤 자연수'인 ⬚3⬚ 과 소수점 이하로 끊임없이 나열되는 몫의 소수점 이하 103번째 숫자를 구하는 과정과 답을 써라.

다른 생각에 대한 풀이 과정

□는 2 또는 5의 곱으로만 이뤄진 수로 나누면 몫이 소수점 이하로 수가 계속 되지 않는다. 따라서 나눗셈을 기약분수로 나타낼 때 분모가 2 또는 5의 곱으로 이뤄지면 안 된다.

❶ 7.1 ÷ □ 에서 □는 3, 6, 7, 9 중에서 한 가지를 쓰면 된다.

나누는 수가 3인 경우 몫은 2.36666…이므로 소수점 이하 103번째 숫자는 6이다.

나누는 수가 6인 경우 몫은 1.18333…이므로 소수점 이하 103번째 숫자는 3이다.

나누는 수가 7인 경우 몫은 0.0142857142857…이므로 소수점 이하 103번째 숫자는 0 이후로 '142857'인 6개의 숫자가 반복되므로 0을 제외한 102번째 숫자가 0을 포함한 103번째 숫자다. 따라서 102 ÷ 6 = 17…0으로 나머지 없이 떨어지므로 마지막 숫자인 7이 103번째 숫자다.

나누는 수가 9인 경우 몫은 0.788888…이므로 소수점 이하 103번째 숫자는 8이다.

❷ 7.3 ÷ ☐에서 ☐는 3, 6, 7, 9 중에서 한 가지를 쓰면 된다.

나누는 수가 3인 경우 몫은 2.43333…이므로 소수점 이하 103번째 숫자는 3이다.

나누는 수가 6인 경우 몫은 1.2166666…이므로 소수점 이하 103번째 숫자는 6이다.

나누는 수가 7인 경우 몫은 1.04285714285714…이므로 소수점 이하 103번째 숫자는 소수 첫째 자리 수인 0 이후로 '428571'인 6개의 숫자가 계속 반복되므로 0을 제외한 102번째 숫자가 0을 포함한 103번째 숫자다. 따라서 102 ÷ 6 = 17…0이므로 마지막 숫자인 '1'이 103번째 숫자다.

나누는 수가 9인 경우 몫은 0.811111…이므로 소수점 이하 103번째 숫자는 1이다.

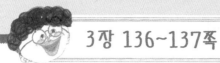

'시꾸기 주사위'는 일반 주사위와 다르게 마주 보는 면의 눈(수)의 합이 '7'이 아니라 10 이다. 다음 제시된 전개도를 접어서 만든 '시꾸기 주사위'와 같은 모양이 만들어지는 다른 모양의 전개도를 4가지 그려 본다. 단, 전개도를 회전하기, 돌리기, 뒤집기를 했을 때 같은 모양이면 같은 전개도라고 본다.

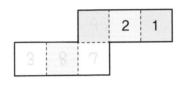

 다른 생각에 대한 풀이 과정

위에 제시된 전개도 외에 또 다른 전개도는 앞에서 배운 정육면체의 전개도 모양 가운데 있다. 그중에서 4가지를 선택해서 그리면 된다.

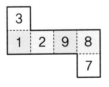

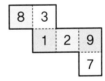

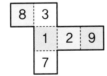

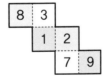

가로 80 cm, 세로 50 cm, 높이가 5cm인 직육면체를 남김없이 잘라서 한 모서리가 5cm인 정육면체를 160 개 만들 수 있다. 이때 한 모서리가 5cm인 정육면체 모두를 이용해 쌓기 나무를 했다. 완성된 모형을 위, 앞, 옆에서 본 모양을 그리고 자신이 만든 정육면체와 사용한 정육면체의 개수가 같은지 확인해 보라.

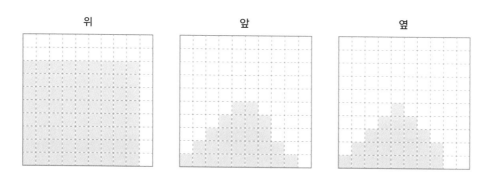

다른 생각에 대한 풀이 과정

❶ 맨 아래인 1층의 정육면체의 수

　가로(앞)와 세로(옆)에 정육면체를 가로 9개, 세로 8개씩 놓아서 직사각형을 밑면으로 하는 직육면체 모양이다. 따라서 정육면체의 수는 다음과 같다.

$$9 \times 8 = 72(개)$$

❷ 2층의 정육면체의 수

　가로와 세로에 정육면체를 7개씩 놓아서 정사각형을 밑면으로 하는 직육면체 모양이다. 따라서 정육면체의 수는 다음과 같다.

$$7 \times 7 = 49 \text{(개)}$$

❸ **3층의 정육면체의 수**

가로와 세로에 정육면체를 5개씩 놓아서 정사각형을 밑면으로 하는 직육면체 모양이다. 따라서 정육면체의 수는 다음과 같다.

$$5 \times 5 = 25 \text{(개)}$$

❹ **4층의 정육면체의 수**

가로와 세로에 정육면체를 4개, 3개씩 놓아서 직사각형을 밑면으로 하는 직육면체 모양이다. 따라서 정육면체의 수는 다음과 같다.

$$4 \times 3 = 12 \text{(개)}$$

❺ **5층의 정육면체의 수**

가로와 세로에 정육면체를 2개, 1개씩 놓아서 직사각형을 밑면으로 하는 직육면체 모양이다. 따라서 정육면체의 수는 다음과 같다.

$$2 \times 1 = 2 \text{(개)}$$

따라서 2 + 12 + 25 + 49 + 72 = 160(개)이므로 올바르게 정육면체를 쌓았음을 확인할 수 있다.

한 변의 길이가 7.07 cm인 정사각형 모양의 칠교판을 만들고자 한다. 정사각형의 한 변의 길이와 대각선 길이의 비는 약 1 : 1.4이다. 따라서 대각선의 길이는 소수 첫째 자리에서 반올림하면 자연수인 10 cm이다. 이렇게 만든 정사각형을 다음과 같이 ①~⑦번 조각으로 잘라서 칠교판을 만들어 다음 제시된 도형을 만들었을 때, 그 도형의 길이를 구하라.

다른 생각에 대한 풀이 과정

칠교판은 정사각형을 대각선으로 접고, 그중 한 대각선 아래 부분에서 선분의 반을 접고, 반으로 접힌 부분을 또 반으로 접는 과정을 이용해 일곱 조각의 도형을 만든 판을 말한다. 중국에서 처음 시작된 칠교놀이는 '지혜판'이라고 불렸으며, 탱그램(Tangram)이란 이름으로 세계에 알려졌다.

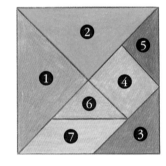

우리나라에서도 지능 계발과 창의력 신장을 위한 놀이로 즐겨 왔다.

이러한 칠교판을 만드는 방법에 적용된 비를 이용하면 다음 제시된 다양한 도형들의 둘레를 구할 수 있다.

칠교판은

1. 정사각형의 오른쪽 위 꼭짓점에서 왼쪽 아래 꼭짓점으로 대각선을 하나 긋는다.

2. 또 하나의 대각선은 왼쪽 위 꼭짓점에서 오른쪽 아래 꼭짓점을 연결하지 말고, 두 대각선이 만나는 점에서 아래 꼭짓점에 그은 선분의 $\frac{1}{2}$ 되는 점까지만 긋는다(도형 ①, ②).

3. 한 대각선에 평행하고 2.에서 그은 다른 대각선 끝점을 지나는 선분을 긋는다(도형 ③).

4. 한 대각선을 4등분하는 점에서 도형 ④, ⑤, ⑥, ⑦을 만들기 위한 선분을 긋는다.

칠교판을 만드는 과정에서 적용된 비를 이용하여 도형 ①, ②, ③, ④, ⑤, ⑥, ⑦의 각 변 길이를 구하고 도형의 둘레를 구한다.

대각선의 길이는 10cm

대각선의 $\frac{1}{2}$ 은 5cm

대각선의 $\frac{1}{4}$ 은 2.5cm

정사각형 한 변의 길이는 7.07cm

정사각형 한 변의 길이의 $\frac{1}{2}$ 은 3.535cm이므로 이 길이를 이용하여 도형 1과 도형 2의 둘레를 구하면 된다.

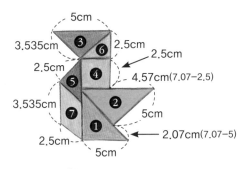

도형 1 : 38.71cm

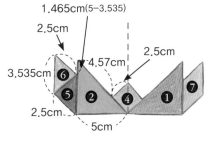

도형 2 : 22.07 × 2 = 44.14cm